河南省"十二五"普通高等教育规划教材

高等职业教育机电类专业"十三五"规划教材

钳工与机加工技能实训

张念淮　胡卫星　魏保立　主　编

陈光伟　戴炳宣　王培林　副主编

中国铁道出版社有限公司

CHINA RAILWAY PUBLISHING HOUSE CO., LTD.

内 容 简 介

本书采用"项目-任务"的编写模式,共设置6个实训项目,分别为:常用量具的使用、钳工实训、车工实训、刨工实训、铣工实训、磨工实训。

本书编写切实从职业院校学生的实际出发,注重实用性、可操作性,强调对学生工程实践意识的训练和对学生形象思维能力及观察能力、分析问题和独立解决实际问题能力的培养。本书内容通俗易懂、深入浅出,大量采用图例、图表和框图等,以求直观、形象,便于教学。

本书适合作为高等职业院校机械类专业、近机类专业的教材,也可作为相关从业人员的培训教材和学习参考书。

图书在版编目(CIP)数据

钳工与机加工技能实训/张念淮,胡卫星,魏保立主编.—北京:
中国铁道出版社有限公司,2019.8(2022.3重印)
河南省"十二五"普通高等教育规划教材 高等职业教育机电类
专业"十三五"规划教材
　ISBN 978-7-113-25731-6

　Ⅰ.①钳… Ⅱ.①张…②胡…③魏… Ⅲ.①钳工-高等职业
教育-教材②机械加工-高等职业教育-教材　Ⅳ.①TG9②TG506

中国版本图书馆 CIP 数据核字(2019)第 141155 号

书　　名:	钳工与机加工技能实训
作　　者:	张念淮　胡卫星　魏保立

策　　划:	何红艳	
责任编辑:	何红艳　包　宁	**编辑部电话:**(010)63560043
封面设计:	付　巍	
封面制作:	刘　颖	
责任校对:	张玉华	
责任印制:	樊启鹏	

出版发行: 中国铁道出版社有限公司(100054,北京市西城区右安门西街 8 号)
网　　址: http://www.tdpress.com/51eds/
印　　刷: 三河市航远印刷有限公司
版　　次: 2019 年 8 月第 1 版　2022 年 3 月第 5 次印刷
开　　本: 787 mm×1 092 mm 1/16　印张:12　字数:290 千
书　　号: ISBN 978-7-113-25731-6
定　　价: 35.00 元

版权所有　侵权必究

凡购买铁道版图书,如有印制质量问题,请与本社教材图书营销部联系调换。电话:(010)63550836
打击盗版举报电话:(010)63549461

"钳工与机加工技能实训"是高等院校的主干基础技能实训课程之一,是教学计划的重要内容,是工科课堂教学与实践相结合的重要组成部分。

本实训课程能使学生在校期间直接参与生产实践,了解工业产品生产的基本过程,增加对工业生产的感性认识,获得机械工业中常用金属材料及其加工工艺的基本知识,培养初步的动手能力,更重要的是通过实际操作,对学生进行工程实践意识的训练,培养学生的形象思维能力和观察能力、分析问题和独立解决实际问题的能力,培养热爱劳动、遵守纪律的优秀品德和理论联系实际的科学作风。树立质量观点、经济观点、劳动观点和安全观点。

本书具有以下显著特点:

一、面向职教,理念新颖

本书编者均来自教学或企业一线,有多年教学和实践经验。在编写过程中,编者充分考虑了职业院校的实际情况和就业需求,书中设置的知识点和技能点贴近生产和实际应用。

本书采用"基于项目教学"的职业教育课改理念,力求建立以项目为核心、以任务为载体的教学模式,安排了"相关知识与技能""思考与练习"等模块,具有很强的针对性和可操作性。

二、结构清晰,方便教学

本书以工种划分实训内容,每个实训包括安全技术、基本知识、基本操作、操作示例、典型零件、思考与练习等内容。其中:①安全事项是实训教学前的重要教学内容,必要时可对学生进行安全技术考试,合格后才能进行实操,并要贯穿到实训全过程;②基本知识介绍各工种加工方法的实质、原理、特点及应用。讲解时要结合实际,进行现场或以实物讲解教学;③基本操作包括操作的准备、方法步骤、要点和注意事项;④操作示例是由教师对典型零件进行实操示范,学生通过现场考察,掌握操作方法要领;⑤典型零件和复习思考题可供学生实操练习、课后思考或教师布置实习报告作业之用。

本书编写切实从职业院校学生的实际出发,力求做到内容深入浅出,采用图例、图表和框图等,以求直观形象易懂,便于自学,文字准确简洁。

本书采用最新国家标准和法定计量单位。

本书建议教学时数为 90 课时,各项目课时分配参考下表。

项目	课程内容	合计	讲授	实操
1	常用量具的使用	4	1	3
2	钳工实训	26	4	22
3	车工实训	30	8	22
4	刨工实训	8	2	6
5	铣工实训	14	4	10
6	磨工实训	8	2	6
总　　计		90	21	69

本书由郑州铁路职业技术学院张念淮、胡卫星、魏保立任主编;郑州铁路职业技术学院陈光伟、戴炳宣、王培林任副主编。其中项目 1 和附录由王丽平编写;项目 2 由张念淮编写;项目 3 由王培林、戴炳宣编写;项目 4、项目 5 由陈光伟编写;项目 6 由胡卫星、魏保立编写。

全书由郑州铁路职业技术学院李勇主审,对全书的教学体系和内容提出了许多宝贵意见,使本书更为严谨,在此深表感谢。

在本书的编写过程中,得到了许多专家和同行的热情支持,并参阅了许多国内外公开出版与发表的文献,在此一并表示感谢。

由于时间仓促,水平有限,书中难免存在不妥或疏漏之处,恳请广大读者批评指正。

编　者

2019 年 5 月

CONTENTS | 目　录

项目 **1** 常用量具的使用

📝 **项目导读**

在机械产品的生产过程中,为了保证产品质量,制造符合设计图纸要求的零件和机器,经常需要对其进行测量,测量时所用的工具称为量具。

常用的量具有钢尺、卡钳、游标卡尺、千分尺、百分表、量规和万能量角尺等。根据零件功用、形状、尺寸精度、生产批量和技术要求,可选用不同类型的量具。

📓 **学习目标**

1. 熟悉常用量具的种类、用途与使用方法。
2. 掌握常用量具的保养知识。

任务　使用量具测量零件

【相关知识与技能】

一、基本知识

(一)钢尺与卡钳

钢尺是直接测量长度的最简单的量具,其长度有 150 mm、300 mm、500 mm、1 000 mm 等几种。

测量精度为 1 mm、长 150 mm 的钢尺如图 1-1 所示。钢尺上有间距为 1 mm 的刻线,常用来测量毛坯和要求精度不高的零件。

图 1-1　钢尺

卡钳分内、外卡钳两种,如图 1-2 所示。它是一种间接量具,测量时必须与钢尺配合使用才能量得具体数据。

(二)游标卡尺

游标卡尺是一种常用的中等精度的量具,可分为游标卡尺(即普通游标卡尺)、深度游标卡尺和高度游标卡尺等几种。

游标卡尺的应用最普遍,它可以直接测量工件的内表面、外表面和深度(带深度尺时),如图 1-3 所示。它由主尺和副尺组成。主尺刻线格距为 1 mm,其刻线全长称为卡尺的规格,如125 mm、200 mm 和 300 mm 等。副尺连同活动卡脚能在主尺上滑动。读数时,由主尺读出整数,借助副尺读出小数。游标卡尺的测量精度(刻度值)有 0.1 mm、0.05 mm 和 0.02 mm 三种。

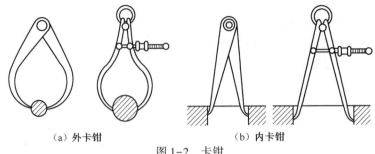

（a）外卡钳　　　　　　　　　（b）内卡钳

图 1-2　卡钳

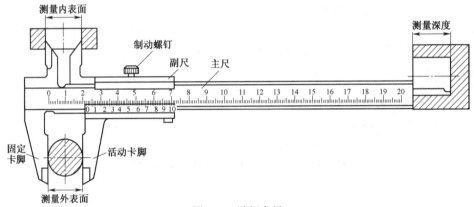

图 1-3　游标卡尺

游标卡尺的刻线原理及读数方法如表 1-1 所示。

表 1-1　游标卡尺的刻线原理及读数方法

刻度值/mm	刻线原理	读数方法及示例
0.1	主尺 1 格 = 1 mm 副尺 10 格 = 主尺 9 格 副尺 1 格 = 0.9 mm 主副尺每格之差 = 1-0.9 = 0.1 mm	读数 = 副尺 0 线指示的主尺整数 + 副尺与主尺重合线数×0.1 示例: 读数 = 20+4×0.1 = 20.4 mm
0.05	主尺 1 格 = 1 mm 副尺 20 格 = 主尺 19 格 副尺 1 格 = 0.95 mm 主副尺每格之差 = 1-0.95 = 0.05 mm	读数 = 副尺 0 线指示的主尺整数 + 副尺与主尺重合线数×0.05 示例: 读数 = 20+11×0.05 = 20.55 mm

刻度值/mm	刻线原理	读数方法及示例
0.02	主尺 1 格＝1 mm 副尺 50 格＝主尺 49 格 副尺 1 格＝0.98 mm 主副尺每格之差＝1－0.98＝0.02 mm 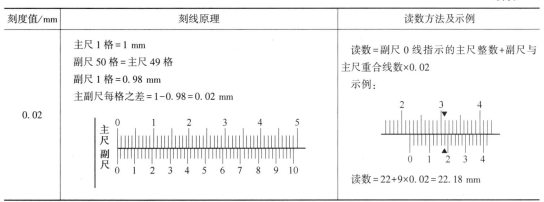	读数＝副尺 0 线指示的主尺整数＋副尺与主尺重合线数×0.02 示例： 读数＝22＋9×0.02＝22.18 mm

(三)千分尺(百分尺、分厘卡尺或螺旋测微器)

千分尺是一种精密量具,按用途可分为外径、内径、深度、螺纹中径和齿轮公法线长等千分尺。其测量精度一般为 0.01 mm。

千分尺按其测量范围可分为 0～25 mm、25～50 mm、50～75 mm、…、275～300 mm 等。测量大于 300 mm 的分段尺寸为 100 mm。测量大于 1 000 mm 的分段尺寸为 500 mm。目前国产的最大千分尺为 3 000 mm。

图 1-4 所示为测量范围为 0～25 mm、刻度值为 0.01 mm 的外径千分尺。千分尺弓架左端装有砧座,右端的固定套筒表面上沿轴向刻有间距为 0.5 mm 的刻线(即主尺)。在活动套筒的圆锥面上,沿圆周刻有 50 格刻度(即副尺)。若捻动棘轮盘,并带动活动套筒和螺杆转动一周,它们就可沿轴向移动 0.5 mm,因此,活动套筒每转一格,其轴向移动的距离为 0.5mm/50＝0.01 mm。

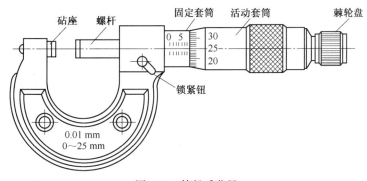

图 1-4　外径千分尺

千分尺的读数原理及示例如图 1-5 所示。

读数 = 副尺所指示的主尺整数(为 0.5 mm 的整数倍) + 主尺中线所指副尺的格数 × 0.01

(四)百分表

百分表是一种精度较高的比较量具,主要用来检验工件的形状误差、位置误差和安装工件与刀具时的精密找正,其测量精度为 0.01 mm。

百分表的外形如图 1-6 所示。表盘圆周均布 100 格刻线,转数指示盘圆周均布 10 格刻线,当测量杆向上移动时,就带动大指针和小指针同时转动,其测量杆移动量与指针转动的关系是测量杆移动 1 mm,即大指针转一周,小指针转一格。

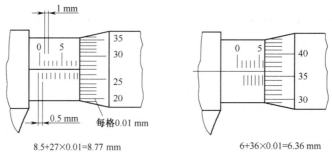

8.5+27×0.01=8.77 mm   6+36×0.01=6.36 mm

图 1-5　外径千分尺的读数示例

因此,大指针每转一格表示测量杆移动 0.01 mm。小指针每转一格表示测量杆移动 1 mm。

使用百分表时,常将它装在专用表架或磁力表座上。用百分表测量工件径向跳动的情况如图 1-7 所示。测量时,双顶尖与工件之间不准有间隙,测量杆应垂直被测表面,用手转动工件,同时观察指针的偏摆值。

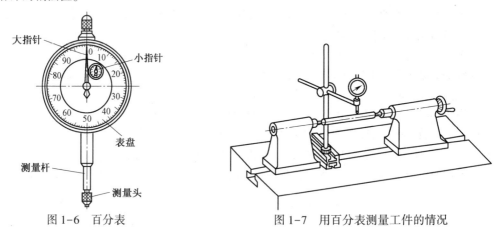

图 1-6　百分表   图 1-7　用百分表测量工件的情况

(五)量规

在成批大量生产中,为了提高检验效率,降低生产成本,常采用一些结构简单、检测方便、造价较低的界限量具,称为量规。例如,光滑轴与孔用量规、圆锥量规、螺纹量规和花键量规等。

检验光滑轴与孔的量规分别称为卡规和塞规,如图 1-8 所示。

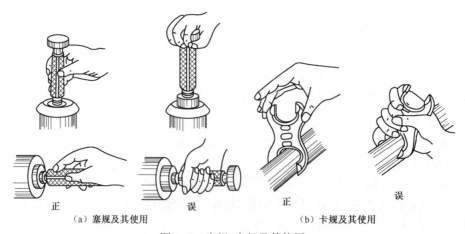

（a）塞规及其使用　　　　　　　　（b）卡规及其使用

图 1-8　塞规、卡规及其使用

量规有两个测量面，其尺寸分别按零件的最小极限尺寸和最大极限尺寸制造，并分别称为通端和止端。检测时要轻轻塞入或卡入量规，只要通端通过，止端不通过，就表示零件合格。

二、基本操作

卡钳、卡尺的使用方法及要领如表 1-2 所示。

表 1-2 卡钳、卡尺的使用方法及要领

量具名称	操作内容	简 图	使用要领
卡钳	调整钳口距离	（a）张开钳口　（b）缩小钳口	1. 先用手粗调钳口距离； 2. 往工件或棒料上轻敲卡脚，微调钳口距离
	测量外径	（a）测量　（b）读数	1. 放正卡钳，使两个钳脚测量面的连接与工件轴线垂直，靠自重恰好滑过工件表面； 2. 读数
	测量内径	（a）测量　（b）读数	1. 卡钳置于工件中心线上，用左手抵住一卡脚为支点，右手摆动另一卡脚，感到松紧适度即可； 2. 读数
游标卡尺	测量外表面尺寸		1. 擦净卡脚，校对零点，即主副尺 0 线重合； 2. 擦净工件，使卡脚与工件轻微接触，用力适度，不准歪斜
	测量内表面尺寸		1. 读数时眼睛正对刻度； 2. 不准测量粗糙表面和运动工件

续表

量具名称	操作内容	简　图	使用要领
千分尺	测量外径尺寸步骤	（a）检验校正零点 （b）先转活动套筒粗调，后转棘轮盘至打滑为止 （c）直接读数或锁紧后取下读数	1. 擦净卡尺与工件； 2. 切忌用力旋转套筒； 3. 工件轴线（或表面）与螺杆轴线垂直； 4. 只能测量精加工后的静止表面

三、操作示例

图 1-9 所示为转轴零件图，测量转轴的方法和要领如表 1-3 所示。

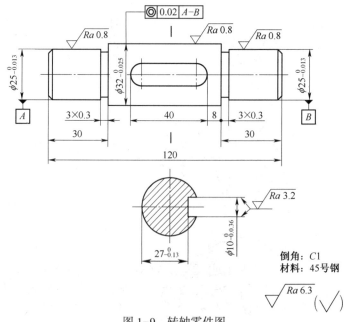

图 1-9　转轴零件图

表 1-3　测量转轴的方法及要领

序号	测量内容	简　图	量具	测量要求
1	测长度		钢尺，游标卡尺	1. 尺身与工件轴线平行； 2. 读数时眼睛不可斜视
2	测直径		游标卡尺，千分尺	1. 尺身垂直于工件轴线； 2. 两端用千分尺测量，其余用游标卡尺
3	测键槽		千分尺，游标卡尺或量块	1. 测槽深用千分尺； 2. 测槽宽用游标卡尺或量块
4	测同轴度		百分表	1. 转轴夹在偏摆检查仪上； 2. 测量杆垂直于转轴轴线

四、典型零件的测量

在各工种实习时,结合加工的典型零件进行测量。

五、量具的选择与保养

由于量具自身精度直接影响到零件测量精度的准确性和可靠性,并对保证产品质量起着重要作用。因此,选择量具时,应本着准确、方便、经济、合理的原则。使用量具时,必须做到正确操作、精心保养,并具体做到以下几点:

(1)使用量具前、后,必须将其擦净,并校正"0"位。

(2)量具的测量误差范围应与工件的测量精度相适应,量程要适当,不应选择测量精度和范围过大或过小的量具。

(3)不准用精密量具测量毛坯和温度较高的工件。

(4)不准测量运动着的工件。

(5)不准对量具施加过大的力。

(6)不准乱扔、乱放量具,更不准当工具用。

(7)不准长时间用手拿精密量具。

(8)不准用脏油清洗量具或润滑量具。

(9)用完量具要擦净、涂油装入量具盒内并存放在干燥无腐蚀的地方。

【思考与练习】

1. 简述游标卡尺的测量与读数方法,并根据教师指定的被测工件,选择合理规格的游标卡尺,测量工件的外径、内径、深度、宽度等,要求测量误差为±0.02 mm。

2. 简述千分尺的测量与读数方法,并根据教师指定的被测工件,选择合理规格的外径千分尺,测量工件外径和宽度,要求测量误差为±0.01 mm。

3. 简述百分表的测量与读数方法,根据教师指定的被测工件,选择合理规格的百分表,测量同轴度误差和偏心距等,要求测量误差为±0.01 mm。

项目 **2** 钳 工 实 训

项目导读

钳工加工是在金属材料处于冷态时,利用钳工工具靠人力(有时辅以设备)切除毛坯上多余的金属层以获得合格产品的一种加工方法。由于钳工工具简单,操作灵活方便,还可以完成某些机械加工所不能完成的工作。因此尽管钳工操作生产率低,劳动强度大,但在机械制造和维修中仍被广泛应用,是金属切削加工不可缺少的一个组成部分。

钳工可以通过划线、锯削、锉削、錾削、钻孔、扩孔、铰孔、攻螺纹、套螺纹、刮削及装配等操作方法中的某些方法完成单件小批生产或维修工作。钳工操作大多是在工作台和台虎钳上进行的。图 2-1 所示为钳工工作台,台面一般是用低碳钢钢板包封硬质木材制成。工作台安放要平稳,台虎钳用螺栓固定在工作台上。

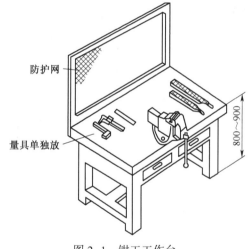

图 2-1 钳工工作台

学习目标

1. 养成良好的工作习惯,牢记安全、文明操作的要求。

2. 掌握在工件上划线、挫削和锯削的基本技能。

3. 能够正确地在砂轮机上刃磨钻头,并掌握钻孔的基本技能。

【钳工实训安全事项】

一、学生实训安全规则及守则

(1)学生进场实训要明确学习目的,树立正确的学习态度,工作中要严肃认真,严格遵守各项安全操作规程。

（2）进厂前必须按劳动规定着装,禁止赤脚光背穿拖鞋。

（3）实训时严禁吵闹,更不允许打架斗殴,应始终保持良好的实训秩序。

（4）实训场地的工具和机械设备,未经老师许可不许乱摸、乱动。

（5）电气设备不良应报告电工处理,如发现有人触电,应立即切断电源进行抢救。

（6）精密量具和平板不许敲打。

（7）不许做与实训无关的事情和做私活。

（8）实训场所的工具等不允许带出厂外。

（9）搬运大件时注意力要集中,多人作业要统一口令,并注意呼唤应答。

（10）学生每天实训完后,要及时清点工具,并将钳台打扫干净,如发现工具丢失或损坏要及时报告老师,根据情况适当赔偿。

（11）学生在实训中,要严格遵守劳动纪律和组织纪律,不得随意离开实训场地,不迟到,不早退,病、事假要有请假手续。

（12）学生进场实训必须听从老师的技术指导和生产指挥,如发现不听从指挥,不遵守纪律者,实训老师有权停止其实训并根据情节轻重报告领导给予处分。

二、钳工实训安全操作规程

（一）使用砂轮机安全操作规程

（1）使用前要检查砂轮机安装是否牢固,有无裂纹和缺损,安全防护罩是否符合规定。

（2）在磨工件前应戴好防护眼镜,不许两人同时用一个砂轮片。

（3）使用砂轮机时应站在侧面,不要正对着砂轮片,工件不应在砂轮片侧面磨,以免砂轮片变薄破裂飞出伤人。

（4）待砂轮转速正常后方能进行磨削,在使用过程中如发现异常声音应立即关闭电源,停止使用。

（5）在磨削工件时要握紧工件,手不要离砂轮太近,不可磨软金属或木质、不可用力过大、过猛或撞击砂轮以防把手磨伤。在磨削过程中,工件应左右缓缓移动,这样既可使工件符合要求,又维护砂轮机。

（6）在磨削过程中应不断蘸水冷却,以免退火和烧手。

（二）钻孔安全操作规程

（1）钻孔前首先要检查安全防护装置是否妥当,钻台上要保持清洁,不许堆放杂物,消除一切不安全因素。

（2）操作者衣袖要扎紧,严禁戴手套、戴眼镜。女同学必须戴工作帽,头部不要靠钻头过近。

（3）被钻孔的工件下面应加垫,以免钻坏钳台和工作台。

（4）钻孔前,工件必须夹持牢固,一般不可用手直接拿工件钻孔,以免工件脱落伤人。

（5）不能两人同时操作,以免配合不当造成事故。

（6）钻头松紧要用钥匙,禁止用物体锤击钻夹头。

（7）钻孔过程中,严禁用棉纱擦拭切屑或用嘴吹切屑,更不能用手直接清除铁屑,应用刷子或铁钩清理。高速钻削要及时断屑。

（8）当孔快钻通时,应缓缓进刀（减小进给量）,防止工件随动,扭断钻头。

（9）钻床未停稳前,严禁用手摸钻夹头或钻头。装卸、移动、校验工件或变速时,必须在停车后进行。

（10）钻孔作业完成后,要及时清理切屑、污水,并涂油。

（11）用手电钻时,应戴绝缘手套。

（三）使用台虎钳的安全操作规程

（1）在使用台虎钳时,只能用双手的力量紧于柄,次不允许套上管了按长手柄或用手锤敲击手柄,否则会把螺母损坏。

（2）台虎钳应牢牢固定在钳台上,不可松动。如发现松动,应及时紧固。

（3）有砧座的台虎钳,允许在砧座上做轻微的敲击工作,其他各部不允许用手锤直接打击。

（4）如工件超过钳口太长时,要用支架支撑,以避免台虎钳受力过大。

（5）台虎钳使用后,要及时清扫干净。螺杆、螺母及活动面,要经常加油保持润滑。

（四）锯割安全操作规程

（1）安装锯条时,不可过紧或过松。

（2）锯割时压力不可过大、过猛,以防锯条折断,蹦出伤人。

（3）工件快要锯断时,必须用手扶住被锯下的部分并轻轻地锯,以防工件落下砸脚,工件过大可用物体支住。

（4）被锯割的工件在夹不坏的情况下尽量夹紧以防工件松动折断锯条。

（5）无柄的锯弓不可使用,以防尾尖刺伤手掌。

（6）质量较大的工件可在原地加工,但必须放稳。

（五）锉削安全操作规程

（1）不使用无柄或柄已严重裂开的锉刀以防伤手(什锦锉例外)。

（2）锉削时不应撞击锉刀柄,否则锉刀尾易滑出伤人。

（3）锉刀不许放在钳口上或露出工作台外,以防锉刀落地伤人或折断。

（4）锉刀不准当手锤或撬棒使用。

（5）锉工件时铁屑不许用嘴吹以防铁屑飞入眼内,不许用手摸锉削面以免锉刀打滑伤手,铁屑应用毛刷刷掉。

任务 2.1　划　　线

【相关知识与技能】

一、基本知识

划线是根据图样要求用划线工具在毛坯或半成品上,划出加工界线的一种操作。划线的作用是:划出加工界线作为加工依据;检查毛坯形状、尺寸,及时发现不合格品,避免浪费后续加工工时;合理分配加工余量;钻孔前确定孔的位置。

（一）常用划线工具及其用法(见表2-1)

常用划线工具及其用法如表2-1所示

表 2-1　常用划线工具及其用法

类别	名称	简　图	用途	用　法
基准工具	划线平台		划线的基准平面	高度尺　划线盘　直角尺　划线平台
合并工具	方箱	固紧手柄　压紧螺栓	安装轴、盘套类零件，以便找正中心或划中心线	
	千斤顶	扳手孔　丝杠　千斤顶座	支承外形不规则或较大工件，以便划线找正	
	V形铁		放置圆柱形工件，以便划中心线或找正中心	
划线工具	划针	15°～30°		划针　直尺　误差　正确　错误

续表

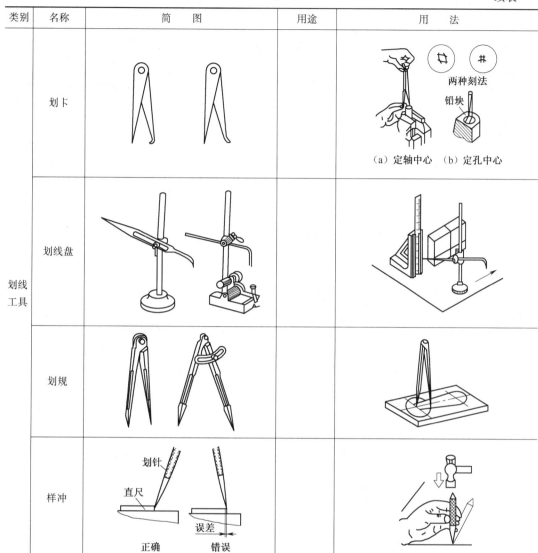

类别	名称	简　图	用途	用　法
划线工具	划卡			两种刻法　铅块 （a）定轴中心　（b）定孔中心
	划线盘			
	划规			
	样冲	划针　直尺　误差 正确　错误		

（二）划线基准

在工件上划线时,选择工件上的某些点、线或面作为依据,并以此来调节每次划线的高度,划出其他点、线、面的位置,这些作为依据的点、线或面称为划线基准。在零件图上用来确定零件各部分尺寸、几何形状和相互位置的点、线或面称为设计基准。划线基准尽量与设计基准一致,以减少加工误差。

划线基准的选择应根据工件的形状和加工情况综合考虑。例如,选择已加工表面、毛坯上重要孔的中心线或较大平面为划线基准。合理选择划线基准可以提高划线质量和划线速度。

（三）划线量具

在工件表面上划线除了用上述划线工具以外,还必须有量具配合使用。常用的量具有钢尺、直角尺、高度游标卡尺等。

二、基本操作

(一)划线前的准备

(1)熟悉图样,了解加工要求,准备好划线工具和量具。

(2)清理工件表面。

(3)检查工件是否合格,对有缺陷的工件考虑可否用合理分配加工余量的办法进行补救,减少报废。

(4)工件上的孔,用木块或铅块塞住,以便划孔的中心线和轮廓线。

(5)在工件划线部位涂上薄而均匀的涂料,以保证划出的线迹清晰。大件毛坯涂石灰水,小件毛坯涂粉笔,半成品件涂蓝油(紫色颜料加漆片、酒精)或硫酸铜溶液。

(6)确定划线基准。

(二)划线操作

划线分平面划线和立体划线。平面划线是在工件的一个表面上划线。立体划线是在工件的几个相联系的表面上划线。

1. 平面划线

平面划线和机械制图的画图相似,所不同的是用钢尺、直角尺、划规、划针等工具在金属表面上作图。平面划线可以在划线平台上进行,也可以在钳工工作台上进行。划线时首先划出基准线,再根据基准线划出其他线。确认划线无误后,在划好的线段上用样冲打上小而均匀的样冲眼,直线段上的样冲眼可稀些,曲线上的样冲眼要密些。在线段交点和连接处都必须打上样冲眼,以备所划的线迹模糊后能找到原线的位置。圆中心处在圆划好后将冲眼再打大些,以便将来钻孔时便于对准钻头,如图2-2所示。

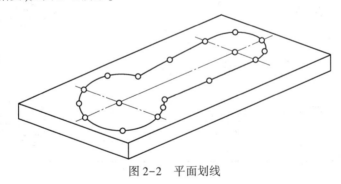

图 2-2　平面划线

2. 立体划线

立体划线是在工件的几个相互联系的表面上划线,因此划线时要支承及找正工件,并必须在划线平台上进行。支承、找正工件要根据工件形状、大小确定支承找正方法,例如圆柱形工件用 V 形铁支承;形状规则的小件用方箱支承;形状不规则的工件及大件,要用千斤顶支承。支承并找正后才可以划线。

(三)划线操作注意事项

(1)工件支承要稳定,以防滑倒或移动。

(2)在一次支承中应把需要划出的平行线全部划出,以免再次支承补划时产生误差。

(3)应正确使用划线工具及量具,以免用法不当造成误差。

(4)用高度游标卡尺划线时,为保护其精度,不允许用它在粗糙表面上划线。

三、划线示例

轴承座划线操作步骤见表2-2。

划线前要研究图样,检查工件是否合格,确定划线基准,清理工件,在工件孔上塞上木块或铅块,对划线部位涂上石灰水。

表2-2 轴承座立体划线

序号	操作内容	简 图	说 明
1	支承及找正工件		根据孔中心及上表面用划线盘找正,调整工件至水平位置
2	划孔中心水平线及地面加工线		各平行线要全部划好
3	翻转90°找正		以已划出的线为找正基准,用直角尺在两个方向找正,使底面、端面与平台垂直
4	划孔中心线及各水平线		各平行线要全部划好

序号	操作内容	简　图	说　明
5	翻转90°找正		以已划出的线为找正基准,用直角尺在两个位置找正
6	划各平行线		划出螺栓孔的中心线,再划出各平行线。检查划线质量
7	打样冲眼		将工件放到工作台上打样冲眼,直线段稀些,曲线段密些

四、典型零件划线

图 2-3 所示为小批生产的钉锤头,试拟定划线步骤。

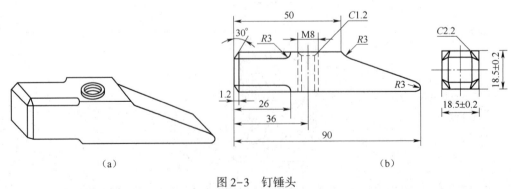

（a）　　　　　　　　　　　　　　　（b）

图 2-3　钉锤头

【思考与练习】

1. 基准起什么作用? 怎样选定划线基准?
2. 常用的划线工具有哪些?
3. 工件划线时水平位置如何找正? 垂直位置如何找正?
4. 划线的作用是什么?
5. 简述立体划线过程。
6. 打样冲眼的目的是什么? 怎样才能将样冲眼打在正确位置?

任务 2.2 錾 削

【相关知识与技能】

一、基本知识

錾削是用手锤锤击錾子,对金属件进行切削加工的方法。錾削可以加工平面、沟槽,切断工件,分割板料,清理锻件上的飞边、毛刺,以及去除铸件的浇口、冒口等。錾削加工精度低,一般情况下,錾削后的工件需要进一步加工。

(一)錾削工具

錾削工具主要是手锤和錾子。手锤由锤头和木柄组成,其规格用锤头质量表示:有 0.25 kg、0.5 kg、0.75 kg、1 kg 等多种规格,常用的是 0.5 kg 手锤。目前使用的还有英制手锤,它分为 0.5 磅、1 磅、1.5 磅、2 磅等多种规格,常用的是 1.5 磅手锤。锤头用碳素工具钢锻造而成,并经过淬火与回火处理,锤柄用硬质木材制成,安装时,要用楔子楔紧,以防锤头工作时脱落伤人,手锤全长约 300 mm。

常用的錾子有扁錾、窄錾、油槽錾,如图 2-4 所示。錾子的长度为 125~150 mm,用碳素工具钢锻造而成,并经过淬火与回火处理。

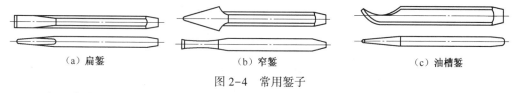

（a）扁錾　　　　　　　（b）窄錾　　　　　　　（c）油槽錾

图 2-4 常用錾子

(二)錾削角度

影响錾削质量和錾削效率的是楔角 β 和后角 α(见图2-5),錾削角度的选择要根据工件材料和錾削层厚度来确定。

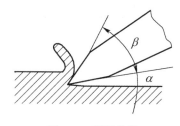

图 2-5 錾削角度

17

钳工与机加工技能实训

常用錾削角度见表2-3。

表 2-3　常用錾削角度

角度名称	常用角度	使用场合	角度不当的后果
锲角β	60°～70°	工具钢、铸铁	β过大时錾削阻力大，錾削困难[见图2-6(a)]
	50°～60°	一般结构钢	β过小时刃口强度不足，易造成崩刃[见图2-6(b)]
	30°～50°	低碳钢、有色金属	
后角α	5°～6°	切屑层较厚	α过大时錾子容易扎入工件[见图2-7(a)]
	7°～8°	切屑层较薄	α过小时錾子容易从表面滑出[见图2-7(b)]

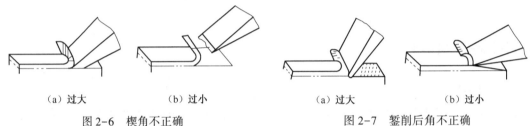

（a）过大　　（b）过小　　　　　（a）过大　　（b）过小

图 2-6　楔角不正确　　　　　图 2-7　錾削后角不正确

二、基本操作

（一）錾子和手锤的握法

手锤的握法有紧握法和松握法。紧握法是从挥锤到击锤的整个过程中，全部手指一直紧握锤柄。松握法是在击锤时手指全部握紧，挥锤过程中只用拇指和食指握紧锤柄，其余三指逐渐放松，松握法轻便自如，击锤有力，不易疲劳，松握法如图2-8所示。錾子的握法有正握法、反握法和立握法，如图2-9所示。

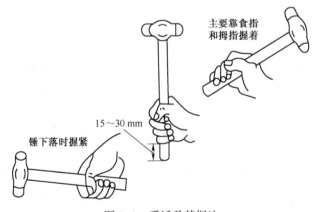

主要靠食指和拇指握着

15～30 mm

锤下落时握紧

图 2-8　手锤及其握法

（二）錾削的姿势

錾削的姿势与步位如图2-10所示。錾削姿势要便于用力，挥锤要自然，眼睛注视刀刃和工件之间，不允许挥锤看錾刃，击锤时看錾子尾部，这样容易分散注意力，錾出的工件表面不平整，而且手锤容易打到手上。

18

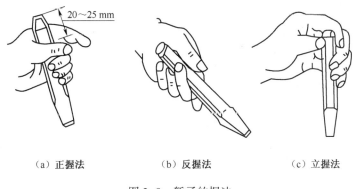

（a）正握法　　　　　（b）反握法　　　　　（c）立握法

图 2-9　錾子的握法

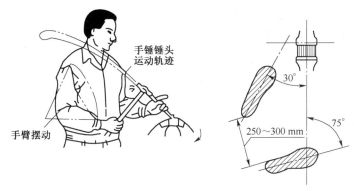

图 2-10　錾削的姿势与步位

（三）錾削过程

　　錾削过程分起錾、錾削、錾出。起錾时［见图 2-11（a）］，錾子要握平或錾头略向下倾斜，用力要轻，待錾子切入工件后再开始正常錾削，这样起錾，便于切入工件和正确掌握加工余量。錾削时［见图 2-11（b）］，要挥锤自如，击锤有力，并根据切削层厚度确定合适后角进行錾削。錾削厚度要合适，如果錾削厚度过厚，不仅消耗体力，錾不动，而且易使工件报废，錾削厚度一般粗錾时取 1~2 mm，细錾时取 0.5 mm 左右。当錾削到离工件终端 10 mm 左右时，应调转工件或反向錾削，轻轻錾掉剩余部分的金属，以防工件棱角处损坏［见图 2-11（c）］；脆性材料棱角处更容易崩裂，錾削时要特别注意。

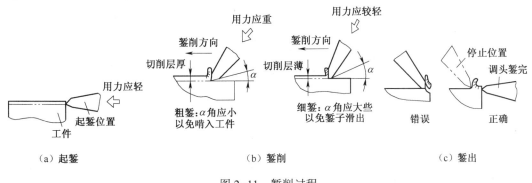

（a）起錾　　　　　　　　　（b）錾削　　　　　　　　　（c）錾出

图 2-11　錾削过程

(四)錾削注意事项

(1)工件应夹持牢固,以防錾削时松动。

(2)錾头上出现毛边时,应在砂轮机上将毛边磨掉,以防錾削时手锤击偏伤手或毛边碰伤人。

(3)操作时握手锤的手不允许戴手套,以防手锤滑出伤人。

(4)錾头、锤头不允许沾油,以防锤击时打滑伤人。

(5)手锤锤头与锤柄若有松动,应用楔铁楔紧。

(6)錾削时要戴防护眼镜,以防碎屑崩伤眼睛。

三、錾削示例

(一)錾削板料

厚度在 4 mm 以下的金属薄板料,可以夹持在台虎钳上錾削,用平錾沿钳口自右向左依所划的线进行錾削,如图 2-12(a)所示。厚度在 4 mm 以上的板料或尺寸较大的板料,通常是放在铁砧上或平整的板面上,并在板料下面挚上衬垫进行錾削,当断口较长或轮廓形状较复杂时,最好在轮廓周围钻上密集的小孔,然后用窄錾或平錾錾断,如图 2-12(b)所示。

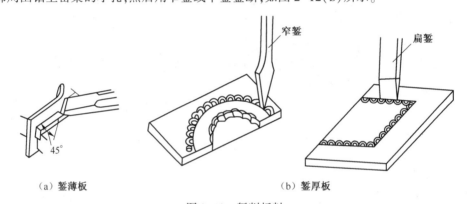

(a)錾薄板   (b)錾厚板

图 2-12 錾削板料

(二)錾削油槽

錾削油槽时,先在工件上划出油槽轮廓线,先用与油槽宽度相同的油槽錾进行錾削,如图 2-13 所示。錾子的倾斜角要灵活掌握,随加工面形状的变化而不停地变化,从而保证油槽尺寸、粗糙度达到要求。錾削后用刮刀和砂布修光。

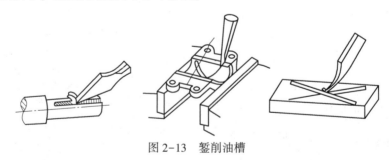

图 2-13 錾削油槽

(三)錾削平面

用扁錾錾削平面时,每次留削厚度为 0.5~2 mm,如图 2-14(a)所示。錾削厚度过厚不仅消耗体力,而且易将工件錾坏;錾削厚度太薄,錾子易从工件表面滑脱。錾削大平面时,先用窄錾开槽,然后用扁錾錾平,如图 2-14(b)所示。

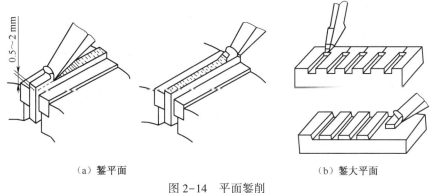

（a）錾平面　　　　　　　　　　　（b）錾大平面

图 2-14　平面錾削

【思考与练习】

1. 錾削时为什么要看錾刃而不看錾头?
2. 如何起錾? 如何錾出?
3. 錾削时如何调整錾削深度?
4. 錾子楔角如何选择? 楔角大小对加工有何影响?
5. 分析錾削后角对錾削有哪些影响?

任务 2.3　锯　　削

【相关知识与技能】

一、基本知识

锯削是用手锯对工件或原材料进行分割或切槽的一种切削加工。锯削加工主要应用在单件小批生产或远离电源的施工现场。锯削加工精度较低,锯削后一般需要进一步加工。

(一)手锯的构造

锯削工具主要是手锯。它是由锯弓和锯条组成。锯弓用于安装并张紧锯条,锯弓分为固定式和可调式两种,如图 2-15 所示,固定式锯弓只能安装一种长度规格的锯条,可调式锯弓可以安装几种长度规格的锯条。

图 2-15　锯弓

(二)锯条的种类及选用

锯条常用碳素工具钢或高速钢制造,并经过淬火回火处理,锯条规格以锯条两端安装孔的中心距表示,目前国内市场只供应 300 mm 长锯条,其宽度为 12 mm,厚度为 0.6~0.8 mm,锯条的规格及用途见表 2-4。

表 2-4　锯条的规格及用途

规格	齿数/个	齿距/mm	适 用 场 合
粗齿	14~16	1.6~1.8	铜、铝及其合金、层压板、硬度较低的材料
中齿	18~22	1.2~1.4	铸铁、中碳钢、型钢、厚壁管子、中等硬度的材料
细尺	24~32	0.8~1	小而薄的型钢、薄壁管、板料、硬度较高的材料

锯条的选择应保证至少有三个以上的锯齿同时进行锯削,并且保证齿沟内要有足够的容屑空间,如图 2-16 所示。

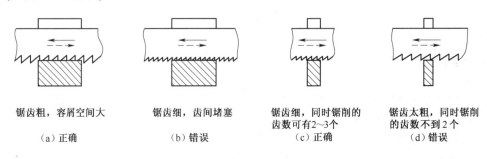

图 2-16　锯条的选择

二、基本操作

(一)锯条的安装

当锯条向前推进时才切削工件,所以安装锯条应使锯齿尖端向前,如图 2-17(a)所示。锯条松紧要适当,过紧易崩断;过松易折断,一般用拇指和食指的力旋紧即可。

(二)手锯的握法

手锯的握法是用右手握锯柄,左手轻扶锯弓前端,如图 2-17(b)所示。

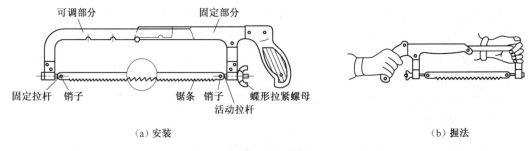

图 2-17　手锯的握法

(三)锯削方法

1. 姿势

左脚跨前半步,膝部稍弯曲。右手握锯柄,左手扶锯弓前端,压力适当。推力、压力的大小主要由右手掌握;左手压力不可过大,并协同右手扶正锯弓,推锯时身体自然前倾,并做直线运动,锯弓不能左右摆动,以使锯缝平直。返程时不进行切削,锯削姿势如图 2-18 所示。

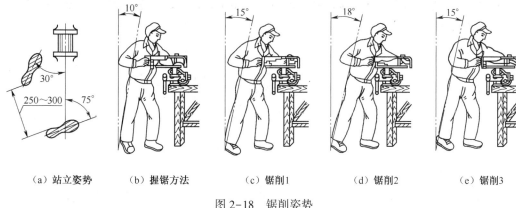

（a）站立姿势　　（b）握锯方法　　（c）锯削1　　（d）锯削2　　（e）锯削3

图 2-18　锯削姿势

2. 起锯

起锯时要有一定的起锯角,起锯角以 10°～ 15°为宜,角度过大锯条易崩齿,角度过小难以切入工件,起锯时用左手拇指靠住锯条,右手稳推锯柄,手锯往复行程要短,用力要轻,待锯条切入工件后逐渐将手锯恢复水平方向(起锯角0°),如图 2-19 所示。

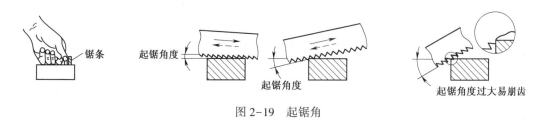

图 2-19　起锯角

3. 锯削

锯削时向前推锯并施加一定的压力进行切削,用力要均匀,使手锯保持水平。

返回时不进行切削,不必施加压力,锯条从工件上轻轻滑过。为了延长锯条的使用寿命,尽量用锯条全长工作,推锯速度不宜过快或过慢,过快易使锯条发热,易崩齿影响寿命,过慢效率低,通常以每分钟往复 30～50 次为宜。锯钢件时应加机油或乳化液润滑。将近锯断时,锯削速度应慢,压力应小,以防碰伤手臂。

(四)锯削注意事项

(1)工件装夹要牢固,以免工件晃动折断锯条伤人。锯条安装不可过松或过紧,且锯齿向前安装。锯削时压力不可过大、过猛、速度不可过快。

(2)锯缝应尽量靠近钳口,以减小锯削过程中工件的颤动。工件快锯断时,必须用手扶住将要被锯下的部分并轻轻地锯。

(3)发现锯缝偏离所划的线时,不要强行扭正,应将工件调头重新安装、重新开锯。

(4)由于锯齿排列呈折线,若锯条折断换上新锯条后,应尽量不在原锯缝进行锯削,而从锯口的另一面起锯;否则锯条易折断。如果必须沿原锯缝锯削,应小心慢慢锯入。

三、锯削示例

(一)锯削角钢

锯角钢时为了得到整齐的锯缝,应从角钢的一个边的宽度方向下锯,这样锯缝较浅,锯条不易卡住,待锯完一面以后,应将手锯倾斜呈45°角,在角钢转角处锯出锯缝,然后改变工件夹持位置锯另一面,如图2-20所示。

图2-20 锯削角钢

(二)锯削圆管

锯削圆管时,不宜从上到下一次锯断,应在每锯到管内壁以后,就将圆管向推锯方向转动一定角度,再夹紧锯削,这样重复操作至锯断,如图2-21所示。

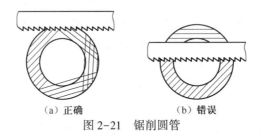

(a)正确　　　　　　(b)错误

图2-21 锯削圆管

(三)锯深缝

当锯缝深度超过锯弓高度时,可以在锯削到接近锯弓时[见图2-22(a)],将锯条转90°安装[见图2-22(b)],锯弓摆平推锯,如果这样仍不便工作,可将锯条立装进行锯削[见图2-22(c)]。

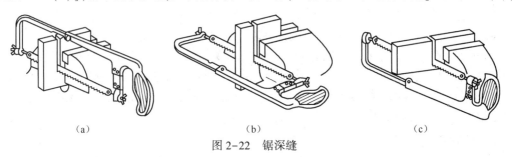

(a)　　　　　　　　(b)　　　　　　　　(c)

图2-22 锯深缝

(四)锯薄板

锯薄板时可将薄板夹在两木板之间一起锯割,如图2-23(a)所示;也可采用横向斜推锯割,如图2-23(b)所示。

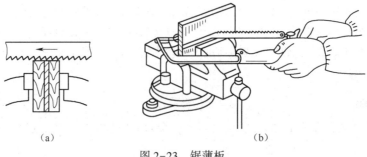

(a)　　　　　　　　　　(b)

图2-23 锯薄板

【思考与练习】

1. 锯条有哪些规格? 分别在什么场合使用?
2. 安装锯条时应注意什么?
3. 在锯削过程中如何防止锯条折断?
4. 起锯和快要锯断时要注意哪些问题? 起锯角大小对锯条有什么影响? 起锯角多大合适?
5. 锯削时是否推锯愈快效率愈高? 为什么?
6. 用新锯条锯旧锯缝时应注意什么?

任务 2.4 锉 削

【相关知识与技能】

一、基本知识

锉削是利用锉刀对工件表面进行切削的加工方法。锉削可以加工平面、曲面和各种形状复杂的表面。锉削加工后的公差等级可达 IT8 ~ IT7 级,一般安排在锯削或錾削之后进行。锉削加工常用在部件、机器装配时修整工件及制造和修理模具等方面。

(一)锉刀的构造

锉刀由工作部分(包括锉面、锉边)、锉尾和锉柄组成,如图 2-24 所示。

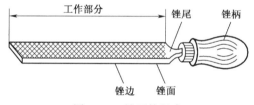

图 2-24 锉刀的组成

(二)锉刀的种类及选用

锉刀按用途可以分为:普通锉刀、整形锉刀和特种锉刀。整形锉刀(什锦锉刀、组锉)适合于修整零件的细小部位或锉削一些较小的工件。特种锉刀适合于锉削表面形状不规则的特殊表面。普通锉刀按齿纹粗细可以分为:粗纹锉(1 号)、中纹锉(2 号)、细纹锉(3 号)、双细纹锉(4 号)和油光锉(5 号)五种。普通锉刀按工作部分长度可以分为 100 mm、150 mm、200 mm、250 mm、300 mm、350 mm 和 400 mm 七种规格。使用时,普通锉刀要根据工件大小、工件材料的硬度、加工余量、加工表面的形状和粗糙度要求进行选择,见表 2-5 和表 2-6。

表 2-5 普通锉刀的选择之一

锉刀名称	截 面 形 状		适 用 场 合	
平锉				

续表

锉刀名称	截面形状	适用场合
半圆锉		
方锉		
三角锉		
圆锉		

表 2-6　普通锉刀的选择之二

锉刀	适用场合	所能达到的粗糙度 Ra
粗纹锉	加工余量大、硬度较低的材料	50~12.5 μm
中纹锉	中低碳钢、铸铁等中等硬度的材料	25~12.5 μm
细纹锉	锉削余量小，硬度值较高的材料	12.5~3.2 μm
双细纹锉	用于精加工时表面加工	6.3~1.6 μm
油光锉	用于精加工时表面加工	3.2~0.2 μm

二、基本操作

(一)锉刀的握法

根据锉刀大小的不同,锉刀有不同的握法,如图 2-25 所示。

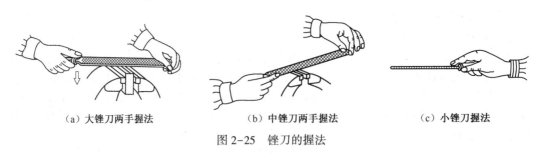

(a) 大锉刀两手握法　　　　(b) 中锉刀两手握法　　　　(c) 小锉刀握法

图 2-25　锉刀的握法

(二)锉削姿势

锉削时人体的站立位置与锯削时的姿势相似,双脚始终站稳不动,身体略向前倾,右手端平锉刀,大小臂基本垂直,稍侧身,两脚相距半步。开始时身体前倾10°,锉刀面运行至1/3锉刀长时,身体由 10°变成 15°;锉刀面运至 2/3 锉刀长时,身体前倾18°,锉刀面运行至最后 1/3 时,使用臂力完成锉削,身体回到 10°。往复循环,如图 2-26 所示。

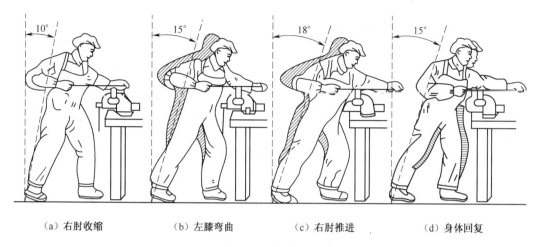

（a）右肘收缩　　　（b）左膝弯曲　　　（c）右肘推进　　　（d）身体回复

图 2-26　锉削姿势

（三）锉削时施力的变化

锉削时要得到平直的锉削表面,必须掌握锉削力的平衡,如图 2-27 所示,在开始时左手压力大,右手压力小,且主要是推力;随着锉刀的推进,左手压力逐渐减小,而右手压力逐渐增大,当工件处于锉刀的中间位置时,两手压力基本相等;随着锉刀继续推进,左手压力继续减小,右手压力继续增大,直到终了位置。在整个推进过程中,应以工件中间位置为支点,两手的压力变化要始终平衡,使锉刀的运动保持水平。返回时双手不加压力,以减少锉刀齿面的磨损。

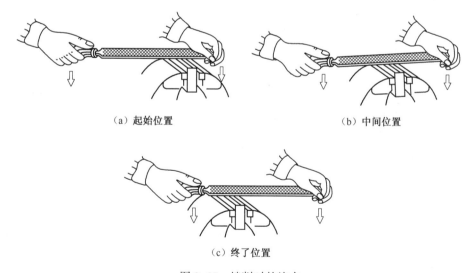

（a）起始位置　　　　　　　　（b）中间位置

（c）终了位置

图 2-27　锉削时的施力

（四）锉削注意事项

(1)不允许使用无柄锉刀或锉刀柄已开裂的锉刀,以防伤手。

(2)工件伸出钳口的高度不可过高。对不规则工件要加 V 形块或木块做衬垫。对工件装夹表面,若以后不再加工,需要在钳口处加铝(或铜)片垫上,以保证工件表面不受损伤。

（3）不允许在推锉刀时，锉刀柄撞击工件，以防锉刀柄滑出碰伤手臂。

（4）锉削时工件表面不允许沾油或用手触摸，以免再锉时打滑。

（5）不要用锉刀锉削铸件表面的硬皮、白口铁以及已经淬火的钢件。

（6）铁屑嵌入齿缝时，用锉刀刷顺锉刀纹理方向进行清除。

（7）锉刀不准当手锤或撬棒使用。

三、锉削示例

锉削平面的步骤和方法是：首先采用交叉锉法［见图 2-28（b）］，由于开始时粗加工余量较大，用交叉锉效率高，同时利用锉痕可以掌握加工情况。然后，锉削进行到余量较小时，采用顺向锉法［见图 2-28（a）］，顺向锉法便于获得平直、锉痕较小的表面。若工件表面狭长或加工面前端有凸台，不能用顺向锉时，可以用推锉法［见图 2-28（c）］加工。待表面基本锉平后，用油光锉以推锉或顺向锉法修光。锉削出的平面是否平直可用直角尺、直尺或刀口尺进行检查，相邻平面是否垂直可用直角尺检查，如图 2-29 所示。

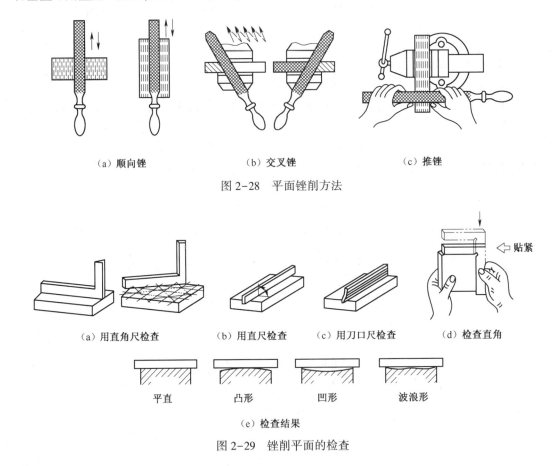

（a）顺向锉　　　　　　　　（b）交叉锉　　　　　　　　（c）推锉

图 2-28　平面锉削方法

（a）用直角尺检查　　　（b）用直尺检查　　　（c）用刀口尺检查　　　（d）检查直角

平直　　　　　凸形　　　　　凹形　　　　　波浪形

（e）检查结果

图 2-29　锉削平面的检查

【思考与练习】

1. 如何选用锉刀？

2. 锉削时产生凸面是什么原因？如何克服？

3. 顺向锉、交叉锉、推锉各适用于什么场合？

4. 如何检查工件的平直度和直角？

5. 整个锉削过程中两个手的力量是如何变化的？

任务2.5 钻孔和铰孔

【相关知识与技能】

一、基本知识

钻孔是用钻头在实体材料上加工孔的操作。钻孔加工可以在工件上钻出 30 mm 以下直径的孔。对于 30~80 mm 直径的孔，一般情况下，先钻出较小直径的孔，再用扩孔或镗孔的方法获得所需直径的孔。钻孔加工主要用于孔的粗加工，也可用于装配和维修，或是攻螺纹前的准备工作。

（一）麻花钻

钻孔的主要刀具是麻花钻，它是用高速钢或碳素工具钢制造的，麻花钻的结构如图 2-30 所示。

麻花钻的工作部分由切削部分和导向部分组成。在钻孔时切削部分起主要切削作用，导向部分起引导并保持钻削方向的作用，同时也起着排屑和修光孔壁的作用，颈部是制造钻头时磨削钻头棱边和柄部而设置的退刀槽，柄部分为两种：钻头直径在 12 mm 以下时，柄部一般做成圆柱形（直柄），钻头直径在 12 mm 以上时一般做成锥柄。

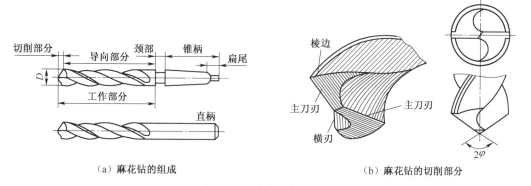

（a）麻花钻的组成   （b）麻花钻的切削部分

图 2-30 麻花钻的结构

（二）钻床及附件

钻孔多在钻床上加工，常用的钻床有三种：台式钻床、立式钻床和摇臂钻床。

台式钻床简称台钻，如图 2-31 所示，结构简单，使用方便，主轴转速可通过改变传动带在塔轮上的位置来调节，主轴的轴向进给运动是靠扳动进给手柄实现的。台钻主要用于加工孔径在 12 mm 以下的工件。

立式钻床简称立钻，如图 2-32 所示，功率大，刚性好，主轴的转速可以通过扳动主轴变速手柄来调节，主轴的进给运动可以实现自动进给，也可以利用进给手柄实现手动进给。立钻主要用于加工孔径在 50 mm 以下的工件。

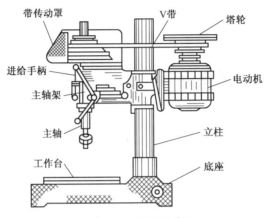

图 2-31　台式钻床

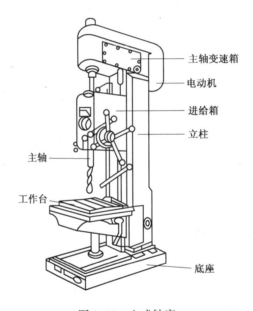

图 2-32　立式钻床

摇臂钻床如图 2-33 所示,结构比较复杂,操作灵活,它的主轴箱装在可以绕垂直立柱回转的摇臂上,并且可以沿摇臂的水平导轨移动,摇臂还可以沿立柱作上下移动。摇臂钻的变速和进给方式与立钻相似,由于摇臂可以方便地对准孔中心,所以摇臂钻床主要用于大型工件的孔加工,特别适合于多孔件的加工。钻床附件包括过渡套、钻夹头和平口钳。钻夹头用于装夹直柄钻头;过渡套(又称钻套)由五个莫氏锥度号组成一套,供不同大小锥柄钻头的过渡连接;平口钳用于装夹工件。

(三)扩孔与铰孔

扩孔是利用扩孔刀具扩大孔件孔径的加工方法。扩孔用的刀具是扩孔钻,如图 2-34 所示,也可以采用麻花钻扩孔。一般情况下,扩孔加工在钻床上进行,扩孔后的质量高于钻孔。

铰孔是用铰刀从工件壁上切除微量金属层,以提高其尺寸精度和表面质量,是精加工孔的一种方法。铰孔的主要工具是铰刀,分手用和机用两种,如图 2-35 所示,机用铰刀可以安装在钻床或车床上进行铰孔,手用铰刀用于手工铰孔,手工铰孔时,用手扳动铰杠,铰杠带动铰刀对孔进行精加工。铰杠有固定式和可调式两种。常用可调式铰杠，如图 2-36 所示，转动可调手柄(或螺钉)可以调节方孔大小，以便夹持不同规格的铰刀。

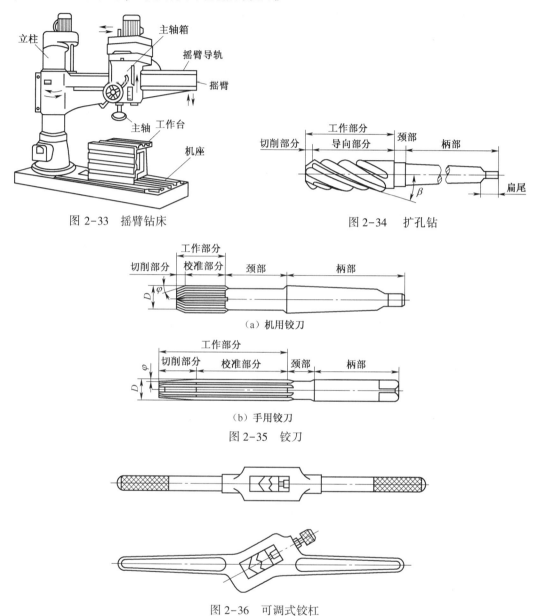

图 2-33　摇臂钻床

图 2-34　扩孔钻

（a）机用铰刀

（b）手用铰刀

图 2-35　铰刀

图 2-36　可调式铰杠

二、基本操作

(一)钻孔前的准备

1. 工件划线

钻孔前的工件一般要进行划线，在工件孔的位置划出孔径圆，对精度要求较高的孔还要划出检查圆，并在孔径圆上打样冲眼，在划好孔径圆和检查圆之后，把孔中心的样冲眼打大些，以便钻头定心，如图 2-37 所示。

2. 钻头的选择与刃磨

根据孔径的大小和精度等级选择合适的钻头。对于直径小于 30 mm 较低精度的孔,可选用与孔径相同直径的钻头一次钻出,对于精度要求较高的孔,可选用小于孔径的钻头钻孔,留出加工余量进行扩孔,对于高精度的孔,可选用小于孔径的钻头钻孔,留出加工余量进行扩孔和铰孔。对直径 30~80 mm 的较低精度孔,应选(0.6~0.8)倍孔径的钻头进行钻孔,然后扩孔,对精度要求高的孔可选小于孔径的钻头钻孔,留出加工余量进行扩孔、铰孔。

钻孔前应检查铝头的两切削刃是否锋利对称,如果不合要求应进行刃磨。刃磨钻头时,两条主切削刃要对称,两主切削刃夹角(顶角 2φ)为 118°±2°,顶角要被钻头中心线平分,刃磨过程中要经常蘸水冷却,以防过热使钻头硬度下降。

3. 钻头与工件的装夹

钻头柄部形状不同,装夹方法也不同,直柄钻头可以用钻夹头(见图 2-38)装夹,通过转动固紧扳手可以夹紧或放松钻头,锥柄钻头可以直接装在机床主轴的锥孔内,钻头锥柄尺寸较小时,可以用钻套过渡连接,如图 2-39 所示,钻头装夹时应先轻轻夹住,开车检查有无偏摆,无摆动时停车夹紧后开始工作,若有摆动,则应停车,重新装夹,纠正后再夹紧。

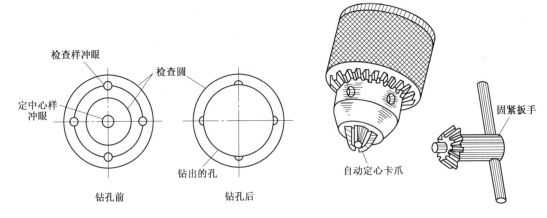

图 2-37　钻孔前准备　　　　　　　　　　　图 2-38　钻夹头

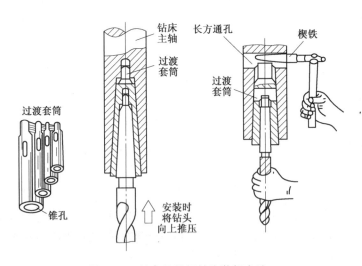

图 2-39　钻套及锥柄钻头装卸方法

钻孔时应保证被钻孔的中心线与钻床工作台面垂直，为此可以根据工件大小、形状选择合适的装夹方法。小型工件或薄板工件可以用手虎钳装夹，如图2-40(a)所示，在圆柱面上钻孔时用V形铁装夹，如图2-40(b)所示，对中、小型形状规则的工件用平口钳装夹，如图2-40(c)所示，较大的工件或形状不规则的工件可以用压板螺栓直接装夹在钻床工作台上，如图2-40(d)所示。

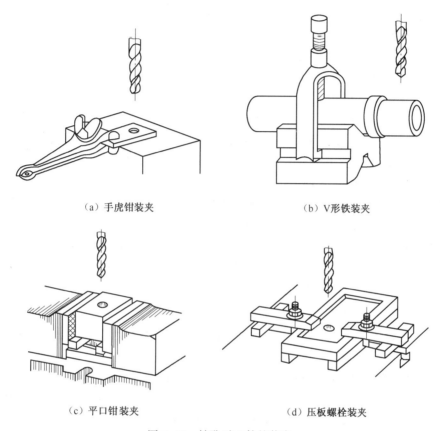

　　（a）手虎钳装夹　　　　　　　　　　　（b）V形铁装夹

　　（c）平口钳装夹　　　　　　　　　　　（d）压板螺栓装夹

图2-40　钻孔时工件的装夹

（二）钻孔操作

开始钻孔时，应进行试钻，即用钻头尖在孔中心上钻一浅坑(约占孔径1/4)，检查坑的中心是否与检查圆同心，如有偏位应及时纠正，偏位较小时可以用样冲重新打样冲眼纠正中心位置后再钻。偏位较大时可以用窄錾将偏位相对方向錾低一些，将偏位的坑矫正过来，如图2-41所示。

钻通孔应注意将要钻通时进给量要小，防止钻头在钻通的瞬间抖动，损坏钻头，钻不通孔(盲孔)则要调整好钻床上深度标尺的挡块，或安置控制长度的量具，也可以用粉笔在钻头上画出标记。钻深孔(孔深大于孔径4倍)和钻较硬的材料时，要经常退出钻头及时排屑和冷却，否则容易造成切屑堵塞或钻头过度磨损甚至折断。钻较大的孔径

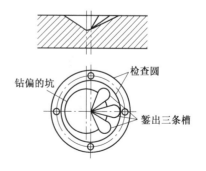

图2-41　钻偏时的纠正方法

(30 mm以上)，应先钻小孔，然后再扩孔，这样既有利于提高钻头寿命，也有利于提高钻削质量。

尽量避免在斜面上钻孔,若在斜面上钻孔必须用立铣刀在钻孔位置铣出一个水平面,使钻头中心线与工件在钻孔位置的表面垂直。钻半圆孔则必须另找一块与工件同样材料的垫块,把垫块与工件拼夹在一起钻孔。

(三)麻花钻的刃磨

1. 刃磨要求

(1)根据钻削材料,合理刃磨出顶角、后角和横刃斜角。

(2)两主切削刃长度相等且对称。

(3)后刀面应光滑。

2. 刃磨方法

右手握住钻头的头部,食指尽可能靠近切削部分作为定位支点,或将右手靠在砂轮的支架上作为支点;左手握住钻头尾部,使刃磨部分的主切削刃处于水平位置,钻头的轴心线与砂轮圆柱母线在水平面内的夹角等于顶角的一半。刃磨时将主切削刃略高于砂轮水平中心面处先接触砂轮,使钻头沿自己的轴线由下向上转动,同时施加适当的压力,使整个后刀面都磨到。在磨到刃口时要减小压力,停止时间不能太长,在钻头快要磨好时,应注意摆回去不要吃刀,以免刃口退火,两面要经常轮换,直至达到刃磨要求。具体刃磨角度如图2-42(a)所示。

横刃的修磨:标准麻花钻的横刃较长,对于直径ϕ5 mm以上钻头,通常要修磨横刃,以改善切削性能,如图2-42(b)所示。修磨横刃时,先将刃背接触砂轮,然后转动钻头磨削主切削刃部分的前刀面,从而把钻头的横刃磨短,要避免磨伤主切削刃。

(四)钻孔、铰孔注意事项

(1)严格执行安全操作规程。严禁戴手套,需扎紧袖口,戴眼镜,女生戴工作帽。身体不允许靠近主轴,不允许戴手套进行操作。

(2)工件要装夹牢固。切屑要用毛刷清理,不允许用手拽切屑。

(3)钻头对准孔位置中心后方可钻孔。若有偏斜应及时校正。钻通孔时工件下面要垫上垫块或把钻头对准工作台空槽,以防损坏钻床工作台的台面。

(4)钻孔时要及时断屑,钻钢件时要冷却钻头。孔快钻透时应缓慢进给,防止工件随动扭断钻头。钻床变速时必须先停车。

(5)铰孔时铰刀不能倒转,以防切屑卡在孔壁和刀刃之间,划伤孔壁或崩裂刀刃。

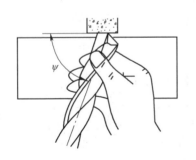
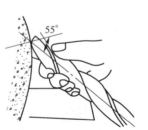

(a)主切屑刃的刃磨   (b)横刃的修模方法

图2-42 钻头的刃磨

【思考与练习】

1. 钻孔、扩孔和铰孔各有什么区别？
2. 铰孔应用在什么场合？
3. 常用的钻孔设备有哪些？各有什么特点？
4. 如何合理选用钻床夹具？

任务 2.6 攻螺纹与套螺纹

【相关知识与技能】

一、基本知识

工件外圆柱表面上的螺纹称为外螺纹。工件圆柱孔壁上的螺纹称为内螺纹。攻螺纹是用丝锥加工工件内螺纹的操作。套螺纹是用板牙加工工件外螺纹的操作。攻螺纹和套螺纹一般用于加工普通螺纹,攻螺纹和套螺纹所用工具简单,操作方便,但生产率低,精度不高,主要用于单件或小批量的小直径螺纹加工。

(一)攻螺纹工具

攻螺纹的主要工具是丝锥和铰杠(扳手)。丝锥是加工小直径内螺纹的成形刀具,一般用高速钢或合金工具钢制造,丝锥由工作部分和柄部组成,如图 2-43 所示。工作部分包括切削部分和校准部分,切削部分制成锥形,使切削负荷分配在几个刀齿上,切削部分的作用是切去孔内螺纹牙间的金属,校准部分的作用是修光螺纹并引导丝锥的轴向移动,丝锥上有 3~4 条容屑槽,以便容屑和排屑,柄部方头用来与铰杠配合传递扭矩。

丝锥分手用丝锥和机用丝锥,手用丝锥用于手工攻螺纹,机用丝锥用于在机床上攻螺纹。通常丝锥由两支组成一套,使用时先用头锥,然后再用二锥,头锥完成全部切削量的大部分,剩余小部分切削量将由二锥完成。

铰杠是用于夹持丝锥和铰刀的工具,如图 2-44 所示。

(二)套螺纹工具

套螺纹用的主要工具是板牙和板牙架。板牙是加工小直径外螺纹的成形刀具,一般用合金工具钢制造。板牙的形状和圆形螺母相似,它在靠近螺纹外径处钻了 3~4 个排屑孔,并形成了切削刃。板牙两端的切削部分做成 2φ 锥角,使切削负荷分配在几个刀齿上,中间部分是校准部分,校准部分的作用是起修光螺纹和导向作用,板牙的外圆柱面上有四个锥坑和一个 V 形槽,两个锥坑的作用是通过板牙架上两个紧固螺钉将板牙紧固在板牙架内,以便传递扭矩。另外两个锥坑是当板牙磨损后,将板牙沿 V 形槽锯开,拧紧板牙架上的调节螺钉,螺钉顶在这两个锥坑上,使板牙孔做微量缩小以补偿板牙的磨损,调节范围为

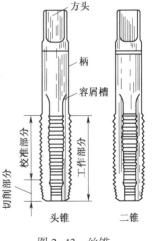

图 2-43 丝锥

0.1~0.25 mm,如图 2-45 所示。

图 2-44　铰杠

板牙架是夹持板牙传递扭矩的工具(见图 2-46),板牙架与板牙配套使用,为了减少板牙架的规格,一定直径范围内板牙的外径是相等的,当板牙外径与板牙架不配套时,可以加过渡套或使用大一号的板牙架。

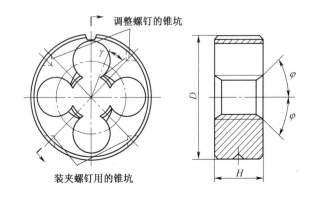

图 2-45　板牙

图 2-46　板牙架

(三)攻螺纹前螺纹底孔直径和深度的确定

攻螺纹时主要是切削金属形成螺纹牙形,但也有挤压作用,塑性材料的挤压作用更明显,所以攻螺纹前螺纹底孔直径要大于螺纹的小径,小于螺纹的大径,具体确定方法可以用查表法(见有关资料手册)确定,也可以用下列经验公式计算:

$$D \approx d - P \quad 适用于韧性材料$$
$$D \approx d - 1.1P \quad 适用于脆性材料$$

式中　D——底孔直径,mm;

　　　d——螺纹大径,mm;

　　　P——螺距,mm。

攻盲孔螺纹时由于丝锥不能攻到底,所以底孔深度要大于螺纹部分的长度,其钻孔深度 L 由下列公式确定:

$$L = L_0 + 0.7d$$

式中　L_0——所需的螺纹深度,mm。

　　　d　——螺纹大径,mm。

(四)套螺纹前工件直径的确定

套螺纹时主要是切削金属形成螺纹牙形,但也有挤压作用,所以套螺纹前如果工件直径过大则难以套入,如果工件直径过小套出的螺纹不完整,工件直径应小于螺纹大径,大于螺纹小径,具体确定方法可以用查表法确定(见有关资料手册),也可以用下列公式计算:

$$D_0 \approx d - 0.13P$$

式中　D_0——工作大径,mm;

　　　d——螺纹大径,mm;

　　　P——螺距,mm。

二、基本操作

(一)攻螺纹

攻螺纹时用铰杠夹持住丝锥的方尾,将丝锥放到已钻好的底孔处,保持丝锥中心与孔中心磨合,开始时右手握铰杠中间,并用食指和中指夹住丝锥,适当施加压力并顺时针转动,使丝锥攻入工件 1~2 圈,用目测或直角尺检查丝锥与工件端面的垂直度,垂直后用双手握铰杠两端平稳地顺时针转动铰杠,每转 1/2 圈要反转 1/4 圈(见图 2-47),以利于断屑排屑。攻螺纹时双手用力要平衡,如果感到扭矩很大时不可强行扭动,应将丝锥反转退出。在钢件上攻螺纹时要加机油润滑。废品产生原因防止方法见表 2-7。

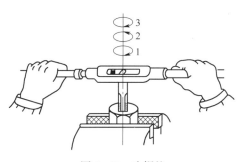

图 2-47　攻螺纹

表 2-7　废品产生原因防止方法

废品类型	产　生　原　因	防　止　方　法
烂牙(乱扣)	1. 螺纹底孔直径太小,丝锥攻不进去,孔口烂牙; 2. 机攻时,丝锥校准部分全部攻出头,退出时造成烂牙; 3. 二锥与头锥不重合而强行攻削; 4. 攻制不通孔螺纹时,丝锥到底后仍继续扳转丝锥; 5. 用铰杠带着退出丝锥; 6. 丝锥刀齿上粘有积屑瘤	1. 检查底孔直径,把底孔扩大后再攻螺纹; 2. 机攻时,丝锥校准部分不能全部攻出头; 3. 换用二锥时,应先用手将其旋入,再用铰杠攻制; 4. 攻制不通孔螺纹时,要在丝锥上做出深度标记; 5. 能用手直接旋动丝锥时应停止使用铰杠; 6. 用磨石进行修磨除去
螺纹歪斜	1. 手攻时,丝锥位置不正; 2. 机攻时,丝锥与螺纹底孔不同轴	1. 目测或用角尺等工具检查; 2. 钻底孔后不改变工件位置,直接攻螺纹
螺纹牙深不够	1. 攻螺纹前底孔直径过大; 2. 丝锥磨损	1. 正确计算底孔直径并正确钻孔; 2. 修磨丝锥

废品类型	产　生　原　因	防　止　方　法
螺纹表面粗糙度值过大	1. 丝锥前、后面表面粗糙度值过大； 2. 丝锥前、后角太小； 3. 丝锥磨钝； 4. 丝锥刀齿上粘有积屑瘤； 5. 没有选用合适的切屑液； 6. 切屑拉伤螺纹表面	1. 重新修磨丝锥； 2. 重新刃磨丝锥； 3. 重磨丝锥； 4. 用磨石进行修磨； 5. 重新选用合适的切屑液； 6. 应经常倒转丝锥，折断切屑；或采用左旋容屑槽

(二)套螺纹

套螺纹时用板牙架夹持住板牙，使板牙端面与圆杆轴线垂直，开始时右手握板牙架中间，稍加压力并顺时针转动，使板牙套入工件1～2圈(见图2-48)，检查板牙端面与工件轴心线的垂直度(目测)，垂直后用双手握板牙架两端平稳地顺时针转动，每转1～2圈要反转1/4圈，以利于断屑。在钢件上套螺纹也要加机油润滑，以提高质量和板牙寿命。套螺纹时常见的废品产生原因见表2-8。

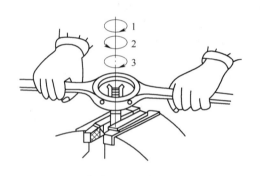

图2-48　套螺纹

表2-8　废品产生原因

废品类型	产　生　原　因
烂牙(乱扣)	1. 未进行必要的润滑； 2. 板牙未及时倒转，切屑堵塞把螺纹挤、碰掉一部分； 3. 圆杆直径太大； 4. 板牙歪斜太多，找正时造成烂牙
螺纹歪斜	1. 圆杆端部倒角不良，使板牙位置不易放准，放入时发生歪斜； 2. 两手用力不均匀，使板牙位置发生歪斜
螺纹中径小(齿形瘦小)	1. 板牙架经常摆动，使螺纹切去过多； 2. 板牙已切入仍继续施加压力
螺纹太浅	1. 圆杆直径太小； 2. 板牙调节直径过大

三、操作示范

(一)攻螺纹(M16 螺母)

攻螺纹的操作步骤如表 2-9 所示

表 2-9　攻螺纹的操作步骤

序号	操作内容	简　图	说　明
1	倒角		用 $\phi14$ mm 钻头钻底孔,用 $\phi20$ mm 钻头倒角
2	装夹工件		端面要水平
3	攻入丝锥		攻入 1~2 圈
4	检查垂直度		目测或用直角尺检查
5	攻螺纹		每转 1~2 圈后要反转 1/4 圈断屑

序号	操作内容	简　图	说　明
6	换丝锥		通孔攻螺纹时,可以攻到底使丝锥落下;盲孔攻螺纹时,攻到位后反转取下丝锥

(二)套螺纹(M16 双头螺柱)

套螺纹操作步骤如表 2-10 所示。

表 2-10　套螺纹操作步骤

序号	操作内容	简　图	说　明
1	倒角		用杆径 $d=15.7$ mm 的杆倒角 $15° \sim 20°$,倒角要超过螺纹全深,即最小直径小于螺纹小径
2	装夹工件		要使工件垂直,并在不影响套螺纹的前提下,伸出钳口的高度尽量短
3	套入板牙		目测板牙端面与工件垂直
4	套螺纹		转 $1 \sim 2$ 圈后反转 1/4 圈断屑,套完后反转取板牙

序号	操作内容	简 图	说 明
5	调头套另一端		装夹时不允许加紧螺纹面

【思考与练习】

1. 攻盲孔螺纹为什么不能攻到底？如何确定孔深？
2. 攻螺纹、套螺纹时为什么要倒角？
3. 攻 M16 螺母和套 M16 螺栓时,底孔直径和螺杆直径是否相同？为什么？
4. 攻螺纹时为什么要经常反转？
5. 有一铸铁件需要攻 M16 深 30 mm 的螺纹,螺距为 2 mm,用多大钻头钻孔？盲孔应钻多深？
6. 在 Q235-A 棒料上套 M12 螺纹时,螺距为 1.75,试问棒料直径多大？

任务 2.7　刮　　削

【相关知识与技能】

一、基本知识

　　刮削是利用刮刀在工件已加工表面上刮去很薄的金属层的操作。刮削是钳工的精密加工,能刮去机械加工遗留下来的刀痕、表面细微不平、工件扭曲及中部凹凸。经过刮削可以增加配合表面的接触面积,能提高配合精度,降低工件表面粗糙度值,减小摩擦阻力。刮削常用在工件形状精度要求高或相互配合的滑动表面,如划线平台、机床导轨、滑动轴承等。

　　刮刀是刮削的主要工具,刮刀一般是用碳素工具钢或轴承钢制成。常用刮刀有平面刮刀和曲面刮刀(三角刮刀),如图 2-49 所示。平面刮刀用于刮削平面和外曲面,曲面刮刀用于刮削内曲面。

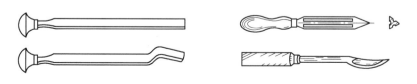

图 2-49　刮刀

二、基本操作

(一)刮削前的准备

(1)将工件稳固地安放在适当高度(与腰部平齐),若工件较高应配脚踏板以便于操作。

(2)清理工件表面,去除油污、氧化皮等。

(3)准备好刮削工具和显示剂。

(二)刮削方法

1. 平面刮削方法

平面刮削方法有手刮法和挺刮法,常用挺刮法,如图2-50所示。

2. 曲面刮削方法

曲面刮削都是手持刮刀进行的,如图2-51所示。

（a）手刮法　　　　（b）挺刮法

图2-50　平面刮削方法

图2-51　曲面刮削方法

(三)刮削质量的检验

刮削质量的检验方法是研点法:在工件刮削表面均匀地涂上一层很薄的显示剂(红丹油),然后与校准工具(平板、心轴等)相配研。工件表面上的高点经配研后会磨去显示剂而显出亮点(贴合点)。刮削质量是以$(25×25)\ mm^2$内贴合点的数目表示,如图2-52所示。贴合点数目多且均匀表明刮削质量高,超级平面(0级划线平台、精密工具的平面)要求$(25×25)\ mm^2$内贴合点高达25点以上。

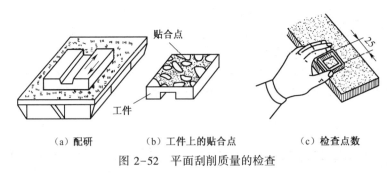

（a）配研　　　　（b）工件上的贴合点　　　　（c）检查点数

图2-52　平面刮削质量的检查

三、操作演示

(一)平面刮削

平面刮削时先将工件稳固地安放到合适位置,然后清理工件表面。刮削时首先进行粗刮,刮刀与工件表面上原加工刀痕方向约成45°角,如图2-52所示,顺向,用长刮刀施较大的压力刮削,刮刀痕迹要连成一片,不可重叠,刮完一遍后改变刮削方向再刮,各次刮削方向应交叉,直到机械加工刀痕全部刮除,然后进行研点检查,粗刮时一般贴合点数在(25×25)mm² 内要达到4~6点。

粗刮之后进行细刮,细刮时将粗刮后的贴合点逐个刮去,细刮用短刮刀,施较小压力,经反复多次刮削使贴合点数目逐渐增多,直到满足要求。平面刮削时细刮要求(25×25)mm² 内贴合点达到10~14点,精刮要求(25×25)mm² 内贴合点达到20~25点。

(二)曲面刮削

用三角刮刀刮削滑动轴承的轴瓦,先将轴瓦稳固地装夹到台虎钳上,清理工件表面并涂上显示剂,用与该轴瓦相配的轴或标准轴进行配研,显示出高点后,用刮刀顺主轴的旋转方向刮去高点,研出的高点全部刮去后再配研,再用刮刀顺主轴旋转方向刮去研出的高点,后两次刀痕要交叉成45°,如图2-53所示。

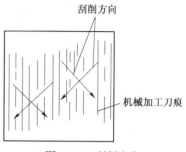

图 2-53   刮削方向

【思考与练习】

1. 刮削有何特点?应用在什么场合?
2. 刮削后表面精度如何检查?
3. 为什么粗刮时刮削方向不与机械加工留下的刀痕垂直?
4. 为什么滑动轴承都是做成两半轴瓦进行刮削?整体圆柱形轴套能否刮削?

任务 2.8 装   配

【相关知识与技能】

一、基本知识

(一)装配的工艺过程

1. 装配前的准备

(1)熟悉图纸及有关技术资料,了解产品的结构和零件的作用以及各零件之间的连接关系。

(2)确定装配方法、装配顺序和装配所用工具。

(3)清洗零件,去掉零件上的污物,在需要涂油部位涂油。

2. 装配

根据机器的复杂程度,可先将两个或两个以上的零件组装在一起形成组件,形成组件的过程称组件装配。再将若干个组件或零件进一步组合构成部件,形成部件的过程称部件装配。最后将零件和部件组合成一台完整的机器,这个过程称总装配。

装配时,无论是部件装配或是总装配,都要先确定一个零件或部件为基准件,再将其他零件或部件装到基准件上。装配时一般先下后上,先内后外,先难后易。装配顺序要保证精度,提高效率,避免返工。

3. 调整、检验、试车

调整零件或机构的相互位置、配合间隙、结合松紧程度,使机器各部分协调工作,检验机器的质量,然后进行试车,确定合格后可喷漆装箱出厂。

(二)零部件连接类型

按拆卸的可能性和活动情况,零部件的连接有四种类型,见表2-11。

表2-11 连接类型

类型	固 定 连 接		活 动 连 接	
	可拆卸	不可拆卸	可拆卸	不可拆卸
说明	螺栓与螺母、轴与键、固定销	铆接、焊接、压合、胶合等	丝杠与螺母、柱塞与套筒、轴与轴承等	任何活动连接的铆接头等

(三)常用的装配工具

1. 扳手

扳手用于扳紧(或旋松)螺栓及螺母。扳手分:活动扳手、专用扳手和特殊扳手。专用扳手有固定开口扳手、套筒扳手、力矩扳手,内六角扳手和侧面孔扳手,特殊扳手是根据机器的特殊需要专门制造的,如图2-54所示。

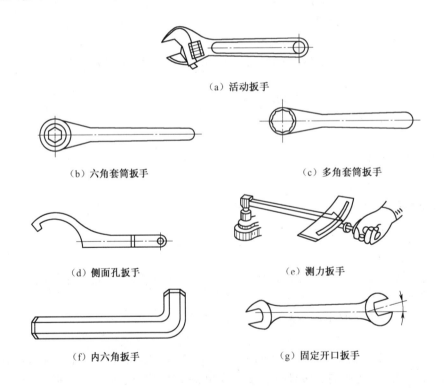

(a)活动扳手

(b)六角套筒扳手

(c)多角套筒扳手

(d)侧面孔扳手

(e)测力扳手

(f)内六角扳手

(g)固定开口扳手

图2-54 扳手

2. 螺丝刀(又称起子、改锥)

螺丝刀用于旋紧(或旋松)头部有沟槽的螺钉。螺丝刀分为一字头和十字头两种,分别对应螺钉头部的沟槽使用。选用时应注意刀口宽度与厚度应与螺钉头部沟槽的长度宽度相适配。

3. 弹性挡圈拆装用钳子

弹性挡圈拆装用钳子是装拆弹性挡圈的专用工具,分为轴用弹性挡圈装拆钳子[见图 2-55(a)]和孔用弹性挡圈装拆钳子[见图 2-55(b)]。

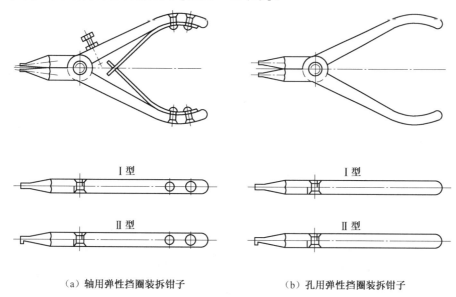

（a）轴用弹性挡圈装拆钳子　　　　　　（b）孔用弹性挡圈装拆钳子

图 2-55　弹性挡圈拆装用钳子

4. 其他常用工具

常用的装配工具还有弹性手锤(铜锤或木锤),拉卸工具(用于拆卸装在轴上的滚动轴承、带轮或联轴器)。

二、典型零件的装配

(一)螺纹连接

螺纹连接是机器中常用的可拆卸连接。装配时,螺栓螺母应能自由旋入,螺栓螺母各贴合面要平整、光洁,并且端面应与螺纹轴线垂直。方头、六角头螺栓、螺母等,用通用扳手即可旋紧,内六角螺钉用内六角扳手旋紧,头部带凹槽的螺钉用螺丝刀旋紧。旋拧的松紧程度要适当,对于有预紧力要求的螺纹连接,要采用测力矩扳手控制扭矩。在装配成组螺栓时要按一定顺序进行,并且不要一次拧紧,应按顺序分 2~3 次拧紧,以防受力不均,拧紧顺序如图 2-56 所示。

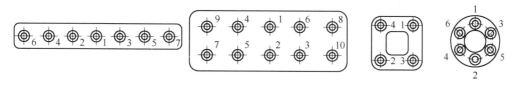

图 2-56　螺栓螺母的拧紧顺序

在冲击、振动、交变载荷及高温下工作的螺纹连接,在装配时要采用防松装置,如图 2-57所示。

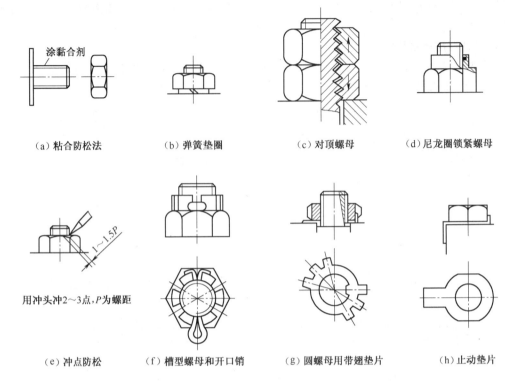

（a）粘合防松法　　　（b）弹簧垫圈　　　（c）对顶螺母　　　（d）尼龙圈锁紧螺母

用冲头冲2～3点，P为螺距

（e）冲点防松　　　（f）槽型螺母和开口销　　　（g）圆螺母用带翘垫片　　　（h）止动垫片

图2-57　螺纹连接的防松方法

（二）销连接

销连接是用销钉把零件连接起来。使它们之间不能相互转动或移动。装配时先将两个零件紧固在一起进行钻孔、铰孔，以保证两个零件的销孔轴线重合，铰孔后应保证孔的尺寸精度和表面粗糙度，然后将润滑油涂在销钉上，用铜棒垫在销钉的端面上，用手锤打击铜棒，将销钉打入孔中。装配后销钉在孔中不允许松动。

（三）键连接

键连接主要用于轴套类零件的传动中，装配时先去毛刺，选配键，洗净加油，将键轻轻地敲入轴上键槽内，使键与键槽底接触，然后试装轮毂，若轮毂上的键槽与键配合太紧时，可修整轮毂上的键槽，但不允许松动。平键装配后，键的两侧不允许松动，键的顶面与轮毂间应留有间隙。楔键装配后，键顶面、底面分别与轮毂和键槽间不能松动，键两侧面与键槽间有一定间隙。导向键装配后键与滑动件之间是间隙配合，三面均有一定间隙，键与非滑动件之间不允许有松动，为了防止键松动，可采用埋头螺钉将键固定在非滑动件上。

（四）滚动轴承的装配

装配前先将轴、轴承、孔进行清洗，上润滑油；装配时常用手锤或压力机压装，为了防止轴承歪斜损伤轴颈，压力或锤击力必须均匀地分布在轴承圈上，为此可采用垫套加压。轴承压到轴上时，应通过垫套施力于轴承内圈端面，如图2-58所示。轴承压到机体孔中时，应施力于轴承外圈端面，如图2-58（b）所示。若同时将轴承压到轴上和机体孔中时，内、外圈端面应同时施加压力，如图2-58（c）所示。若轴承与轴是较大过盈配合时，可将轴承吊在80～90℃油中加热，然后趁热装配。滚动轴承失效后可用拉卸工具（又称拉出器）拆卸，更换新轴承，如图2-59所示。

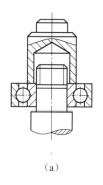
（a）

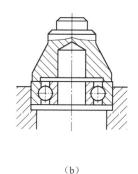
（b）

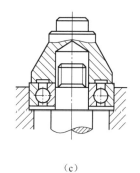
（c）

图 2-58 用垫套压入滚动轴承

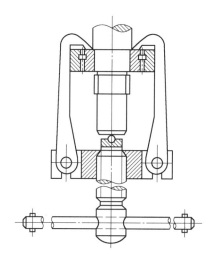

图 2-59 轴承拉出器

【思考与练习】

1. 什么叫装配？基准件在装配中起什么作用？

2. 装配成组螺栓时,如何拧紧？

3. 如何装配滚动轴承？装配时应注意哪些问题？

任务2.9 综合操作

【相关知识与技能】

一、制作六角螺母

制作图 2-60 所示的 M16 六角螺母的操作步骤见表 2-12。

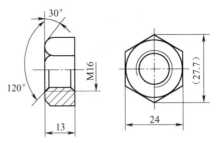

图 2-60　六角螺母

表 2-12　制作六角螺母的操作步骤

序号	操作内容	简　图	说　明
1	下料		用 $\phi30$ 的棒料,锯下 15 mm 坯料
2	锉两平面		要求两端面平行,并且与中心线垂直
3	划线		用划卡定中心,划中心线,钻孔。孔径线和六边形边线要打样冲眼
4	钻孔		用 $\phi14$ 的钻头钻孔,并用 $\phi20$ 钻头倒角,要求孔中心与端面垂直与外圆中心重合
5	攻螺纹		要求用 M16 丝锥攻螺纹

续表

序号	操作内容	简 图	说 明
6	锉六个侧面及倒角	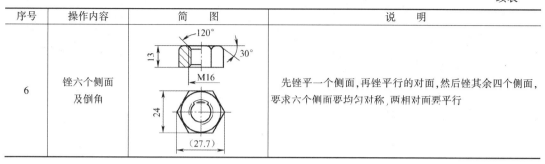	先锉平一个侧面,再锉平行的对面,然后锉其余四个侧面,要求六个侧面要均匀对称,两相对面要平行

二、制作正六方体

正六方体是钳工实训中综合练习的主要工件;此综合项目练习适用于34学时学生实训。通过制作过程可使学生所学各项基本操作(如量具、划线、锯削、锉削等)技能得到提高。

(一)工具、量具和设备

钢直尺、直角尺、游标卡尺、游标高度尺、平板、样冲、大平锉、小平锉、划规、划针、锯弓、锯条、毛刷、分度头等。

(二)加工方法及步骤

加工要求。正六方体粗加工时,要求锯削三个面、锉削三个面。其他技术要求见图纸。正六方体如图2-61所示。

正六方体的加工方法有两种。

1. 加工方法一

(1)下料:材料为20号钢或Q235钢。直径φ32、下料长度53 mm。

(2)锉削端面:

①端面的技术要求为:平面度为0.1 mm,端面与侧面的垂直度为0.1 mm。

②锉削方法:使用大平锉和小平锉对工件端面进行锉削。锉削端面时尽量采用交叉锉法。交叉锉法的优点主要是:通过观察加工纹理,可以看到锉刀所锉削的位置是否是需要锉削的位置。从而确定锉刀向前推进时,是否是水平推进。若有角度可及时调整。精加工时,可使用小平锉用推锉法进行锉削。要注意保证长度尺寸(50±0.2) mm。

(3)划线:锉平端面后,应将毛刺清除,再将工件装夹在分度头上,用游标高度尺配合分度头进行分度,划出正六方体的加工界限,包括端面线和工件侧面的加工线。要保证正六方体的每个对应面(也称为对方)尺寸为(24±0.1) mm。

(4)加工第一个基准面Ⅰ:用锯削、锉削的方法,粗、精加工出第一个基准面Ⅰ。方法是用手锯采用贴线锯的方式将其锯下,用大平锉采用交叉锉、推锉和顺向锉对基准面Ⅰ进行粗加工;再用小平锉对工件进行精加工。加工时不得超过加工线。即到线停止。此基准面Ⅰ与端面的垂直度及平面度、表面粗糙度达到技术要求。

(5)加工第二个基准面Ⅱ:此基准面Ⅱ和基准面Ⅰ相隔一个待加工面,即与基准面Ⅰ的角度为120°。其加工方法与要求与基准面Ⅰ相同。

(6)加工第三个基准面Ⅲ:此面与基准面Ⅰ、基准面Ⅱ相隔一个待加工面,既与基准面Ⅰ、基准面Ⅱ的角度为120°。其加工方法和要求与基准面Ⅰ相同。

(7)二次划线:以三个基准面为基准,将工件基准面放在平板上,用游标高度尺对工件的另外三个待加工面进行二次划线。划线尺寸(24±0.1) mm。

20 /20 年第 学期钳工技能实训考核表

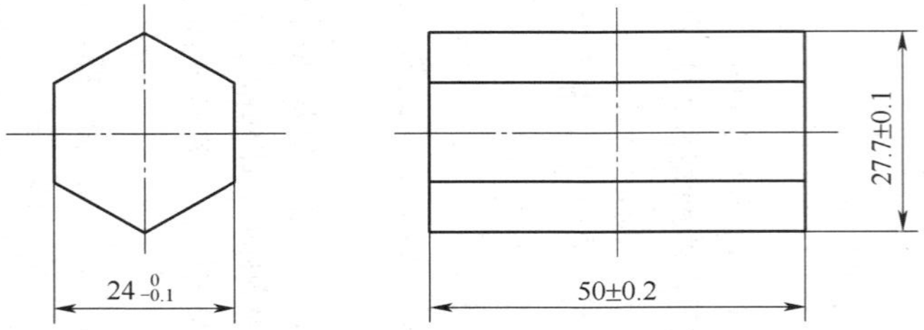

序号	考核内容	分数	评分标准	扣分
1	各部分长度尺寸	30	每处误差0.02扣0.5分	
2	平面度	6	每处误差0.02扣1分	
3	平行度	6	每处误差0.05扣1分	
4	垂直度	6	每处误差0.05扣1分	
5	表面粗糙度	6	每处误差扣1分	
6	安全文明生产	6	一次违章扣3分	

技术要求：1.每个对方平行度为0.1；
　　　　　 2.六个侧面相对于A基准的垂直度为0.1；
　　　　　 3.平面度为0.1。

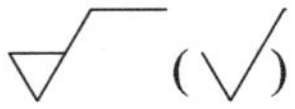

$\nabla(\sqrt{})$

六棱柱

材料	45号钢
得分	

学号	姓名	班级	安全（15分）	纪律（15分）	实训报告（10分）	工作报告（60分）	总分	教师

图2-61　制作正六方体

27.7±0.1

50±0.2

24 $_{-0.1}^{0}$

(8)按加工线对工件的三个待加工平面用锉削的方法进行粗、精加工。粗加工时应尽量采用顺向锉法。此法的接触面较长,易于运平锉刀。精加工时,可采用小平锉推锉的方法进行加工。要保证其尺寸公差(24±0.1)mm,以及每个加工面与其相对应平面的平行度、粗糙度和与端面的垂直度达到技术要求,且与相邻平面的角度为120°。

2. 加工方法二

(1)下料、锉端面的方法与加"工方法一"相同。

(2)划线:找出圆心(方法略),通过圆心划出两垂直中心线。圆心上打出样冲眼,以13.85 mm长为半径划出外接圆,用六分法划出正六方体的加工线或用游标高度尺配合分度头进行分度,划出正六方体的加工界限。

(3)用锯削、锉削的方法,粗、精加工出六方体的一个面作为基准面。以此基准面为基准,粗、精加工其相对应的面。应达到尺寸公差、平行度、平面度、表面粗糙度以及与端面的垂直度等技术要求。

(4)分别粗、精加工与基准面相邻的两个面及与其相对应的面。相邻两个面的角度为120°。要保证加工面的平面度公差、表面粗糙度要求以及尺寸公差、平行度公差和垂直度公差。

(三)注意事项

(1)严格执行安全操作规程。

(2)划线尺寸要准确,线条要清晰,样冲眼要打准确。

(3)锯削、锉削加工时,加工面要平直。

(4)精加工时,要采用"勤量少锉"的方法,保证其各项技术要求。

(5)使用精密量具、精密划线工具时,要轻拿轻放,使用前要进行误差修正。

三、制作小手锤

小手锤的制作是钳工实训中综合练习的主要工件;此综合项目练习适用于 68 学时的学生实训。目的是使学生的划线、锯削、锉削、钻孔、扩孔、抛光等方面的综合技能得到提高。

(一)工具和设备

钢直尺、直角尺、游标卡尺、游标高度尺、平板、方箱、划规、划针、样冲、大平锉、小平锉、圆锉、锯弓、锯条、毛刷、手锤、直径 $\phi5$ mm 和 $\phi10$ mm 麻花钻头,以及分度头、台式钻床。

(二)加工方法和步骤

加工要求:在将直径为 $\phi32$ mm 的圆钢粗加工成截面为四方形时,要求先锯削出其四个面(不包括两端面),尺寸为 22 mm×22 mm。然后用锉刀将四面体加工成截面为正四方形,尺寸为 (20±0.1) mm×(20±0.1) mm。其技术要求见图纸,如图 2-62 所示。小手锤的加工方法有两种。下面逐一介绍。

1. 加工方法一

(1)下料:材料为 45 号钢、直径 $\phi32$ mm 圆钢。锯削下料长度为 113 mm。

(2)锉削端面:用大平锉、小平锉对工件端面进行锉削加工。锉削时尽量采用交叉锉法。此法的优点是通过锉削纹理方向的改变,可以判断出锉削位置是否正确,是否需要调整锉刀的运行角度。精加工时可使用小平锉推锉的方法对端面进行加工。要保证端面的平面度为 0.1 mm,与圆柱侧面的垂直度为 0.1 mm,表面粗糙度以及长度尺寸公差。

(3)一次划线:端面锉好后,清除毛刺。将直径 $\phi32$ mm 的圆钢装夹在分度头上,装夹工件的长度不小于 25 mm。用游标高度尺配合分度头进行分度,在圆钢端面及圆柱面上划出 22 mm×22 mm 的加工线,并轻轻打上样冲眼。

20 /20 年第 学期钳工技能实训考核表

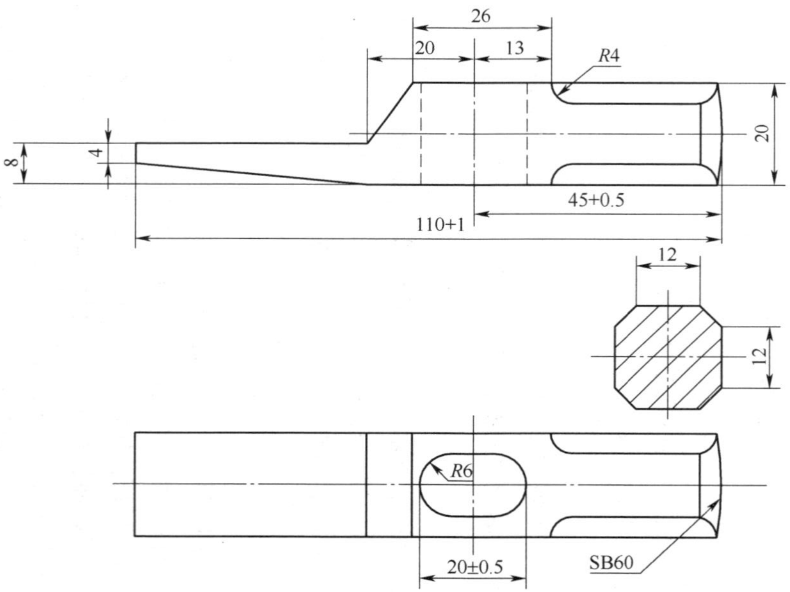

序号	考核内容	分数	评分标准	扣分
1	各部分长度尺寸	30	每处误差0.02扣0.5分	
2	平面度	5	每处误差0.1扣1分	
3	平行度	3	每处误差0.1扣1分	
4	垂直度	3	每处误差0.1扣1分	
5	表面粗糙度	2	每处误差扣1分	
6	倒角	2	每处误差扣3分	
7	锉球面	2	误差扣1分	
8	孔的形状和位置	3	每处误差扣2分	
9	安全文明生产	10	一次违章扣5分	

	小手锤			材料	45号钢
				得分	
学号	姓名	班级	安全（15分）	纪律（15分）	实训报告（10分）	工作报告（60分）	总分	教师

技术要求：1. 平面度为0.1 mm；
2. 平行度为0.1 mm；
3. 垂直度为0.1 mm；
4. 四方体尺寸公差为（20±0.1）mm

$\sqrt{Ra\,6.3}$ （√）

图2-62　制作小手锤

（4）锯削四个面：将圆钢装夹在台虎钳上，使加工线垂直于钳口。用手锯将四个加工面依次锯下。锯削时要使锯条（锯条延伸面）也与钳口垂直。可采用按线锯，也可采用贴线锯。按线锯削时，加工余量1 mm左右，贴线锯时，加工余量2 mm左右；这两种方法可自己选择。锯削面要平直，不要出现较大的倾斜或扭曲，相邻两面要尽量垂直。

（5）锉削四个面：将工件装夹在台虎钳上，装夹已加工过的平面时，要使用铜皮钳口以防夹伤已加工过的平面。然后用大、小平锉刀将四个面依次锉平。锉削可采用顺向锉、推锉、交叉锉等方法。将工件加工成截面为（20±0.1）mm×（20±0.1）mm，长度为（110±1）mm的长方体。

锉削平面时，若出现工件长度方向的中间凸起时，可采用推锉的方法，对凸起部位进行加工。当工件宽方向中间处凸起时，用小平锉在工件中间凸起部位，采用顺向锉削的方法进行加工。要防止过量加工出现中间凹陷的现象。

（6）二次划线：用游标高度尺、钢直尺、划针、样冲等划线工具划出锤尖部分的加工线。包括大、小斜面的加工线。并轻轻打上样冲眼。

（7）锯削锤尖部分：用手锯紧贴加工线，将锤尖多余部分锯削掉。锯缝要求平直，要注意留出单边加工余量不小于0.5 mm。

（8）锉削锤尖部分：用大平锉、小平锉按加工线进行锉削加工。锉削可采用顺向锉、推锉、交叉锉等方法。要求各平面达到平面度、表面粗糙度的要求。较大面积平面的加工纹理应为顺向纹理，大斜面与平面的交接线要直、要清晰且垂直于相邻两边。交接线的位置不能出现圆滑过度的现象。推锉平面时，不可锉凹而使平面出现凹陷的现象。精加工时，可使用小平锉进行加工。

（9）第三次划线：用游标高度尺、钢直尺、划针、划规、样冲、手锤等划线工具，划出孔加工界线。检查孔加工线，无误后轻轻打上样冲眼。要特别注意椭圆孔中心距的设计基准、划线基准与加工基准的区别。椭圆孔中心距的设计基准与划线基准重合，即孔中心距尺寸为8 mm。而加工基准的设立，是在保证椭圆孔尺寸精度的前提下，为了提高效率，减少手工加工的工作量而设立的。加工基准即钻孔中心的中心距尺寸设定为10 mm。钻孔中心位置的样冲眼直径要大（直径不能小于2 mm）以利于钻头对准钻孔中心。

（10）钻孔：①用直径ϕ5 mm的麻花钻头在需要钻孔的位置（即孔中心距10 mm处）钻孔，孔深5~8 mm。②小孔钻完后，再用直径ϕ10 mm钻头钻孔。钻孔时要及时断铁屑，以防铁屑太长划伤手臂。工件快钻透时，进刀要慢，压力要轻，以防工件随动。钻直径ϕ10 mm孔时，钻头要适当冷却，保持钻头硬度，防止钻头退火。

（11）椭圆孔的加工：①先用直径ϕ8 mm圆锉，将两孔的切口锉开；②再用小平锉在两圆孔相交的凸起处锉出一个5~6 mm宽的平台；将圆锉刀水平方向倾斜30°~45°，然后向前推锉，对小平台进行锉削；锉削至加工线时停止。此加工方法可防止椭圆的圆弧面被小平锉锉伤。椭圆孔的直线部分也可用小平锉的锉刀尖进行锉削。锉削时要注意看前后两面的加工线，不得锉伤圆弧面。

（12）第四次划线：用游标高度尺划出倒棱的加工尺寸线。

（13）锉削倒棱：先用直径ϕ8 mm圆锉，锉削出倒棱上部半径为4 mm的圆角，圆角顶端不得超出尺寸线32 mm。再用平锉锉削出倒棱面，倒棱面的纹理也应为顺向纹理。

（14）锉削锤头的曲面部分：用大平锉采用锉削外曲面的方法，将曲面锉出。

（15）抛光：先用小平锉轻锉各平面，以消除各平面的粗纹理。然后再用100号~200号砂布沿工件长方向进行手工抛光，抛光时压力不要太大，速度要快，抛光至无较粗纹理时即可。较大平面的纹理应为顺向纹理。

2. 加工方法二

（1）下料、锉端面、一次划线与"加工方法一"相同。

（2）锯削两平面：用手锯对四个加工面中的任意两个相互垂直的待加工面进行锯削。锯削时尽量采用贴线锯的方法。锯削完成后的锯削面不但要本身平直，而且两加工面要互相垂直。

（3）锉削两基准面：用大平锉、小平锉对这两个平面进行加工。此两相互垂直的平面为基准平面。因此两平面的垂直度要达到技术要求。而且平面自身的平面度和表面粗糙度也要达到规定的技术要求，锉削方法与"加工方法一"中的平面锉削方法相同。

（4）二次划线：以两基准面为基准，放在划线平板上，将游标高度尺的高度调到 21 mm，在工件第三、第四待加工面的四周划上加工线并轻轻打上样冲眼。

（5）锯削第三、第四平面：用手锯紧贴加工线，对第三、第四平面进行锯削，锯削面要平直，不得扭曲、偏斜。

（6）锉削第三、第四平面：用大平锉、小平锉将两面依次锉平。锉削方法同"加工方法一"。把工件加工成截面形状为（20±0.1）mm×（20±0.1）mm，长度为（110±0.1）mm 的长方体。要保证平面自身的平面度、表面粗糙度、相邻平面的垂直度，对应面的平行度达到规定的技术要求。

（7）锤头部分、椭圆孔部分、倒棱部分、曲面部分的加工以及抛光的方法与"加工方法一"相同。

（8）此加工方法的优点有：①减轻因连续锯削而产生的疲劳；②当加工出现一定的失误时，可通过划线和借料的方法进行修正，从而加工出一个合格的成品工件。

（三）注意事项

（1）严格执行安全操作规程。

（2）划线要准确，锯削、锉削要掌握要领。

（3）钻孔时不得戴手套，袖口要扎紧，戴防护眼睛，女生戴工作帽。

（4）工件必须装夹牢固，孔将要钻透时，要减小进给量。

（5）使用精密量具、精密划线工具时，要轻拿轻放，使用前要进行误差修正。

（6）精加工时，应常测量工件的尺寸，以防尺寸超差。

四、正四方体的方、孔配合

正四方体方孔配合是钳工强化培训的主要工件，此培训项目适用于 68～136 学时的学生实训。目的是进一步提高学生在校期间的钳工基本技能和综合加工能力。

（一）工具、量具和设备

1. 工具的配备

按照图纸要求和加工工艺准备以下工具：

300 mm 的大平锉、200 mm 的平锉、150 mm 的细齿小平锉、200～300 mm 的油光锉、200 mm 的三角锉、锯弓、锯条、平板、方箱，$\phi4$ mm、$\phi7.5$ mm、$\phi7.6$ mm 麻花钻头，手锤、游标高度尺及其他划线工具。

2. 量具的配备

一级精度的直角尺、150 mm 游标卡尺、25～50 mm 外径千分尺、塞尺。

3. 设备

台式钻床。

（二）加工方法和步骤

加工要求：配合方式为基轴制，正四方体要做标准。其技术要求见图 2-63。

1. 正四方体的加工

在加工（40±0.1）mm×（40±0.1）mm 正四方体时：

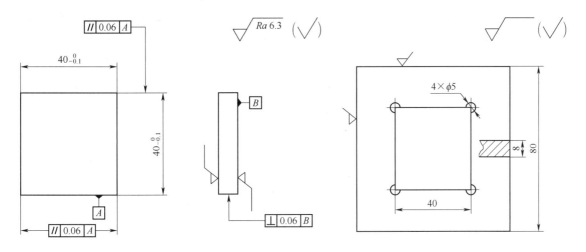

图 2-63　技术要求

（1）用锯削和锉削的方法，先将毛坯加工出一个平面，作为第一基准面 A。此面要保证平面度和表面粗糙度。

（2）再用同样的方法加工出与第一基准面 A 垂直的第二基准面。要保证平面度、垂直度和表面粗糙度达到技术要求。

（3）以第一基准面和第二基准面为基准，放在平板上，将游标高度尺调到 40 mm，划出第三、第四个待加工面的加工线。

（4）用锯削和锉削的方法，加工出第三、第四个平面。要保证平面度、平行度、垂直度、尺寸公差和表面粗糙度达到技术要求。

具体加工方法为：

①当单边余量大于 0.2 mm 时，以大平锉为主进行粗锉，同时要适当注意其平行度和垂直度。

②单边余量为 0.2 mm 左右时，以小细锉刀为主进行锉削，要注意其平行度和垂直度。

③单边余量为 0.1 mm 时，用小细锉刀推锉或用油光锉刀锉削的方法进行加工，要注意保证工件的尺寸精度、平行度、垂直度和表面粗糙度达到技术要求。

④采用"勤量少锉"的原则，即常进行测量而少加工的原则，减少了因锉削失误而引起的误差。

2. 四方孔的加工

（1）先将四方孔的加工线和工艺孔的中心线划出，打上样冲眼，然后再进行加工。加工时，首先遇到的问题是工艺孔的加工，由于工艺孔直径较小为 $\phi 5$ mm，而钢板厚度为 8 mm，且材质不均匀，因此操作稍有不当则极易折断钻头。为了解决这个问题，采用最佳转速 800 r/min，并对钻头适当冷却，且压力不宜过大，即"轻压常冷"的方法。基本上解决了直径 $\phi 5$ mm 钻头在钻孔时易折段的问题。

（2）在加工四方孔时，要去掉四方孔中间的多余部分，共有两种加工方法：

第一方法是：在对角线处钻两个直径 $\phi 13$ mm 的孔，再用手锯锯割出四方孔内部多余部分，此方法为手工操作。

第二种方法是：用钻床钻排孔，再用手锤将四方孔内的多余部分打掉，此方法以机械加工为主，体能消耗较小。

（3）四方孔中间多余部分的加工方案确定为钻排孔的方法。

加工时,先把相邻两孔的中心距定为 7.6 mm,双边加工余量约为 2 mm。划完排孔的中心位置线后,采用直径 φ7.5 mm 钻头直接钻排孔的方法,加上钻孔的扩张量,两孔正好相切。此方法失误低,用时少,使学生有更多的时间用于精修四方孔。(单边余量约为 1 mm 左右)

(4)四方孔的锉削加工方法。

①将钻完排孔的工件用手锤将其中间多余部分打掉后,选用 300 mm 大平锉对四方孔的四个面进行粗加工。粗加工完成时,每个面应留有加工余量 0.2~0.3 mm。

②四方孔的精加工:先选择一个"对方"(即相对应的两个面)进行精加工,精加工时选用 150 mm 小平锉对两个面依次进行锉削,锉削时可用直锉和推锉相结合的方法。要保证"对方"尺寸不得超过 39.9 mm,及两平面的平行度和平面本身的平面度。另一"对方"的加工方法同前一个"对方"。

(5)正四方体方孔配合的加工方法。

正四方体的方孔配合应以正四方体为基准(基轴制),即正四方体加工完成后,通过加工、修改孔的尺寸来完成配合,具体的加工方法是:

①选四方体的一个"对方"(即相对应的两个面),用正四方体的一个"对方",垂直放入四方孔的"对方"(见图 2-64),将出现以下几种情况:

a. 正四方体能垂直放入孔的"对方"中,且能够左右移动,此时不需加工,用塞尺测量出配合间隙。

b. 正四方体能垂直放入方孔的"对方"中,不能够左右移动,这时使用小平锉刀(或油光锉刀)将孔的高出部分加工掉即可。

c. 正四方体不能垂直放入方孔的"对方"中,此时要估计其加工量,当加工量较大时,用 150 mm 小平锉,对孔的高出部分进行加工,一般情况下以推锉为主。当加工余量较小时,可用油光锉进行加工,锉削力不可过大,要"勤配少锉",即锉削不宜过多,多用正四方体对孔的"对方"进行试配,此方法能避免因锉过度而造成的失误。直到正四方体的"对方"能垂直进入孔的"对方"中,同时,还必须能在孔的"对方"中左右移动,还要保证孔"对方"的平面度及配合间隙的大小。

②选四方孔的另一"对方"进行加工,操作方法同①。

③将正四方体整体放平后再垂直放入四方孔中(见图 2-65)。若能放入,测量其间隙尺寸即可,若不能放入,可采用透光法或看四方孔平面上的亮点(挤压伤)的方法,找出高点位置,用油光锉或小平锉对四方孔四个面上的高点处进行加工,也要"勤配少锉",直到能将正四方体垂直放入四方孔中。然后用塞尺测出四个配合面的配合间隙,看是否超差或超差多少。

图 2-64 正四方体方孔配合一　　　　　　图 2-65 正四方体与孔的配合二

④第一次换位(倒方)配合,即将正四方体旋转 90°,四方孔不动,再进行配合,其操作方法同③。

⑤第二次换位(倒方)配合,即将正四方体同方向再旋转 90°,四方孔不动,进行配合,其操作

方法同③。

⑥第三次换位(倒方)配合,操作方法同④。直至完成配合。

(三)注意事项

(1)精加工正四方体时,采用"勤量少锉"的方法,确保其技术要求。

(2)钻排孔时要严格执行安全操作规程。

(3)方孔配合时,要采用"勤配少锉"的方法。

(4)配合时要将正四方体垂直放入四方孔中,避免因正四方体的倾斜而造成误差。

(5)使用精密量具、精密划线工具时,要轻拿轻放,使用前要进行误差修正。

【思考与练习】

1. 在制作手锤时,如果不用样板,应如何划线?

2. 制作钉锤头。图2-66和图2-67所示为小批生产锤头与锤柄的零件图,试拟定锤头的钳加工步骤,并加工出合格的锤头,经热处理,再将锤头尺寸(18.5±0.2)mm磨削成(18±0.2)mm后与锤柄装配成防松钉锤。

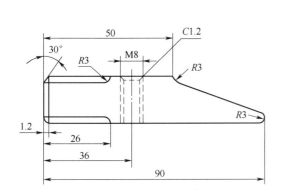
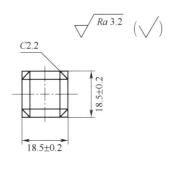

材料:45号钢
两端10 mm处,48～52HRC

图 2-66　钉锤头

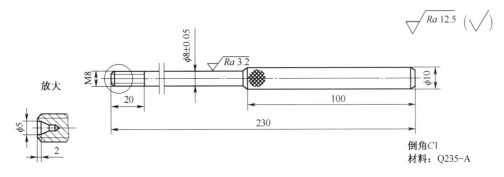

倒角C1
材料:Q235-A

图 2-67　锤柄

实训报告样例

考 核	实训报告	安全考试	出勤与纪律	考试工件	总成绩
实训指导教师					

一、实训内容

二、问答题

1. 锯削时,如何才能锯直?

2. 锉削有哪几种锉法?

3. 写出小手锤或正六方体制作工艺和步骤。

三、简答题

简述对钳工实训的认识,及对实训内容的掌握程度和收获。

项目 **3** 车 工 实 训

项目导读

在机械制造企业中,金属切削机床的种类很多,而应用最广泛的是机床,约占切削机床总数的一半。

车削加工是在车床上利用工件的旋转运动和刀具的移动来改变毛坯的形状和尺寸,将其加工成所需零件的一种切削加工方法。本项目将介绍车床的基本知识与常用工件的车削。

学习目标

1. 熟悉车床的结构,能够熟练操作各部分手柄。

2. 熟悉刃磨车刀的技巧与方法,根据刀具材料正确选择合适的砂轮,安全规范地刃磨各类车刀。

3. 能够正确装夹工件和车刀。

4. 能够根据工件材料、车刀材料和车床性能,合理选择切削用量。

5. 掌握轴类、套类、圆锥面、成形面、普通三角螺纹的车削方法,并能进行加工过程的控制。

6. 能够进行有关的尺寸测量与计算。

7. 养成文明生产的良好工作习惯和严谨的工作作风。

【机工(车工、刨工、铣工和磨工)实训安全事项】

(1)实训要穿工作服,戴工作帽,女同学必须将长发纳入帽内。

(2)实训应在指定机床上进行,不得乱动其他机床、工具或电器开关等。

(3)工作前,将机床需要润滑的部位注入润滑油,检查机床上有无障碍物,各操纵手柄和运动部件的位置是否恰当,开车空转 1~2 min,观察运转是否正常。

(4)两人或几个人同在一台机床上实训时,要相互配合,开车前必须先打招呼。

(5)工件和工具要装夹牢固,用卡盘夹紧工件(或用扳手紧固刀杆)后,应立即拿下扳手,以免主轴转动时飞出造成事故。

(6)严禁戴手套操纵机床。不准用手或棉纱擦摸转动着的工具、夹具和工件。不准用手直接清除切屑,不准用手刹车。

(7)不得敲击机床或在机床上放置工具及杂物。

(8)爱护工具、夹具、量具,使用精密量具时,更要精心保养。

(9)变速、换刀、更换和测量工件时,必须停车。

(10)不要站在切屑飞出的方向,以免受伤。

(11)开车后,不准远离机床,如要离开必须停车。

(12)工作完毕,应切断电源、清除切屑、擦洗机床。在导轨、丝杠、光杠等转动件上加润滑油,将各部件调整到正常位置上。

任务 3.1 车削的基本认知

车削加工是在车床上,利用车刀切除工件旋转表面上多余的材料,以获得所要求的几何形状、尺寸精度和表面质量的加工方法。车削加工是金属切削加工的主要加工方法,它具有刀具简单,切削平稳,加工范围广(见图 3-1),易于保证工件各加工表面的位置精度和适用于有色金属零件精加工等特点。

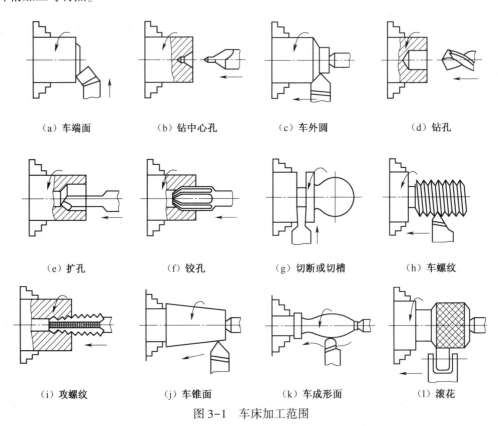

(a) 车端面	(b) 钻中心孔	(c) 车外圆	(d) 钻孔
(e) 扩孔	(f) 铰孔	(g) 切断或切槽	(h) 车螺纹
(i) 攻螺纹	(j) 车锥面	(k) 车成形面	(l) 滚花

图 3-1 车床加工范围

【相关知识与技能】

一、基本知识

(一)切削运动和切削用量

1. 切削运动

切削运动是指机床为实现加工所必需的加工工具与工件间的相对运动。包括主运动和进给运动。

(1)主运动。形成机床切削速度或消耗主要动力的切削运动。

(2)进给运动。使工件的多余材料不断被去除的切削运动。一般是指运动速度较低,消耗动力较小的运动。

车削加工时工件的旋转是主运动,车刀的移动是进给运动,如图3-2所示。

2. 切削用量

切削用量是指切削速度、进给量和切削深度三要素的总称。切削用量选择是否得当,将直接关系到产品的质量、成本和生产率。

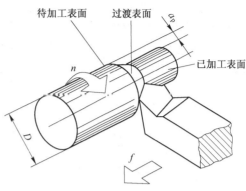

图 3-2　车削运动及切削用量

(1)切削速度 v_c。单位时间内,工件和刀具沿主运动方向相对移动的距离(m/min)。车削加工时的切削速度可按下列公式计算:

$$v_c = \frac{\pi D n}{1000} (\text{m/min})$$

式中　D——工件待加工表面的直径,mm;

　　　n——工件的转速,r/min。

(2)进给量 f。车削时,工件每转一转,车刀沿进给运动方向移动的距离 mm/r。

(3)切削深度 a_p。工件上待加工表面和已加工表面间的垂直距离 mm/r。

(二)金属切削过程

金属切削过程的实质是工件表层金属受刀具挤压,使金属层产生变形、挤裂而形成切屑,直至被切离的过程。

研究切削过程中的物理现象,如切屑的形成及种类,切削力、切削热和刀具磨损等对于保证加工质量,提高生产率,降低生产成本都具有十分重要的意义。

1. 切屑的种类

由于工件材料、刀具几何形状和切削用量不同,会形成不同类型的切屑,常见的切屑有带状切屑、节状切屑和崩碎切屑三种。其产生及特点见表3-1。

表 3-1　切屑的种类及特点

	带状切削	节状切削	崩碎切削
种类			
产生	用大前角刀具、较高的切削速度和较小的进给量切削塑性材料	用较低的切削速度和较大的进给量粗加工中等硬度的钢材	切削铸铁、黄铜等脆性材料时,切削层不发生塑性变形就突然崩碎
特点	切削力平稳。加工表面光亮,不断屑,易刮伤工件和人,因此,应采取断屑措施	切屑的外表面有明显的锯齿状挤裂纹,内表面也有裂纹,切削力波动较大,工件表面较粗糙	切削力和切削热集中在刀尖附近,刀尖易磨损,易产生冲击和振动,降低了加工表面质量,产生的碎片易烫伤人

2. 切削热及切削液

切削过程中,切削层金属的变形及切屑、工件与刀具之间的摩擦所消耗的功,绝大部分要转变成切削热。这些热量将由切屑、工件、刀具和周围介质传出。

传入工件的热使工件升温变形,传入刀具的热虽少,但都集中在刀尖附近,使刀尖升温很高(高速切削时可达1 000 ℃以上),加速了刀具的磨损。因此应设法减少摩擦及刀具的磨损,并迅速传出热量。生产中常使用切削液,它不但具有冷却、润滑作用,而且还有清洗和防锈等作用。常用切削液的种类及应用见表3-2。

表3-2　常用切削液的种类及应用

种　类		特　点	主要作用	应　用
水类	乳化液、苏打水、肥皂水	比热大,流动性好,冷却能力强,润滑作用小	冷却刀具与工件,减少工件变形,提高刀具耐用度	粗加工(车削、钻削等)及磨削加工
油类	矿物油(机械油)、植物油	比热小,流动性差,润滑作用大,冷却能力弱	润滑刀具与工件,降低工件表面粗糙度	精加工及成形加工(如车螺纹及齿轮加工等)

3. 刀具的磨损与耐用度

刀具使用一定时间后,因磨损而变钝,图3-3所示为车刀前后刀面的磨损情况,$h_{前}$表示前刀面磨损的月牙洼深度,$h_{后}$表示主后刀面磨损的高度。刀具磨损到一定程度后,就应该及时刃磨,否则将会增加机床的动力消耗,降低工件精度和表面质量,甚至损坏刀具。

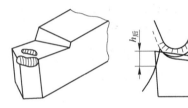

图3-3　车刀的磨损

刀具的耐用度是指刀具在两次刃磨之间的实际切削时间(min)。通常是根据工序成本最低的观点来确定耐用度,称为最低成本或经济耐用度。例如硬质合金焊接车刀的耐用度定为60 min,高速钢钻头的耐用度定为80~120 min,硬质合金端铣刀的耐用度定为120~180 min,齿轮刀具的耐用度定为200~300 min。

影响刀具耐用度的因素很多,主要有切削用量、工件和刀具材料、刀具角度及加工条件,其中切削速度影响最大。

(三)车床的型号

为了便于机床的设计、制造、选用和管理,国家制定了机床的编号方法。它是采用汉语拼音与阿拉伯数字相结合的方式,表示机床的类别、特性、组别、系别、主要参数和重大改进顺序等。详细内容可查阅GB/T 15375—2008《金属切削机床 型号编制方法》。

现以精密卧式车床的型号为例,说明其型号含义,如图3-4所示。

(四)卧式车床

在机械加工车间,车床约占机床总数的50%。车床的种类很多,有卧式车床、转塔车床、立式车床、自动和半自动车床等。

CA6140型卧式车床的外形如图3-5所示。它由床身与床腿、床头箱、挂轮箱、进给箱、溜板箱、光杠、丝杠、刀架和尾座等主要部件组成。

1. 床身与床腿

床身是用来支承和连接各个部件,并保证各部件相互位置精度的基础零件。床身顶面有相

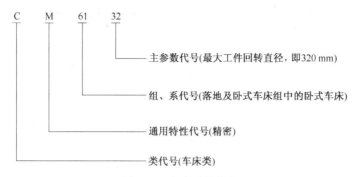

| C | M | 61 | 32 |

主参数代号(最大工件回转直径,即320 mm)

组、系代号(落地及卧式车床组中的卧式车床)

通用特性代号(精密)

类代号(车床类)

图 3-4　车床型号含义

互平行的两条三角形导轨和两条平面导轨,外侧两条供溜板箱纵向移动用,中间两条供尾座移动和定位用。

床身由床腿支承,并紧固在地基上。

2. 床头箱

床头箱用来支承主轴,内部装主轴变速机构。主轴的旋转是由电动机驱动 V 带,再经床头箱内变速机构,传给主轴实现的。改变床头箱外手柄的位置,可以使主轴获得不同的转速。

主轴是空心结构,以便穿入较长的棒料;主轴前部有锥孔,用以安装顶尖、钻头等;前端有外锥面,用以安装卡盘、拨盘等附件。

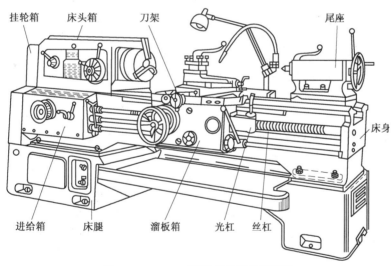

图 3-5　CA6140 型卧式车床的外形图

3. 挂轮箱

挂轮箱用来把主轴的转动传给进给箱,调换与搭配箱内不同齿轮,可得到不同的进给量,主要用于车螺纹。

4. 进给箱

进给箱用来把主轴的转动传给光杠或丝杠,箱内装有变速机构,改变箱外手柄的位置,可获得不同的进给量或螺距。

5. 溜板箱

溜板箱用来将光杠或丝杠的回转运动变为刀架的直线进给运动(光杠用于一般车削,丝杠用于车螺纹)。扳动箱外手柄,可使车刀作自动纵向、横向进给或车螺纹运动,摇动手轮可使车刀作手动纵向或横向进给运动。

6. 刀架

刀架用以夹持车刀,并使其作纵向、横向或斜向进给运动。它是由纵溜板、横溜板、转盘、小溜板和方刀架组成的多层结构,如图3-6所示。

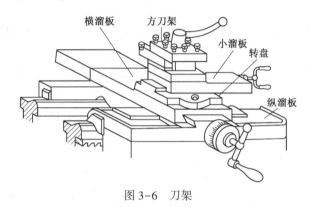

图3-6 刀架

(1)纵溜板。用以连接溜板箱,可随溜板箱沿床身导轨作纵向移动,其下面有横向导轨。

(2)横溜板。它可沿纵溜板顶面的导轨作横向移动。

(3)转盘。它与横溜板以定心圆柱面(止口)定位,并用螺栓紧固,松开紧固螺母,可在水平面内扳转任意角度,供小溜板作斜向进给运动。

(4)小溜板。它可沿转盘上面的燕尾导轨作短距离移动,扳转转盘成一定角度后,可使车刀作斜向进给,用以车出较短的圆锥面。

(5)方刀架。它被紧固在小溜板上,能同时装四把车刀,松开锁紧手柄,便可转动方刀架,将所需要的车刀转换到工作位置上,以实现快速换刀。

7. 尾座

尾座(见图3-7)是用来支持长轴类工件或装夹钻头等工具的,并可沿床身上面中间的两条导轨移动。它由套筒、尾座体、底座等几部分组成。

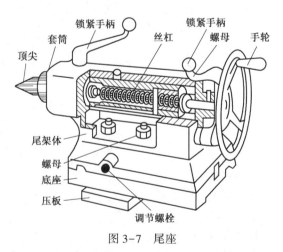

图3-7 尾座

(1)套筒。其左端有锥孔,用来安装顶尖或钻头、丝锥、铰刀等工具或刀具。右端装有螺母,它与丝杠配合,松开锁紧手柄,摇动手轮可使套筒在尾座内移动一定距离,将套筒退到最后位置时,即可卸出顶尖或刀具。

(2)尾座体。它与底座配合,并由固定螺栓连成一体,松开尾座锁紧手柄,旋动调节螺栓,可使其沿底座上的导轨移动,以调整顶尖的横向位置。

(3)底座。它与床身上的导轨配合,松开尾座锁紧手柄,就可推移尾座至所需位置,紧固锁紧手柄,即可定位。

8. 车床附件

为了保证不同形状、尺寸的工件能准确、可靠、迅速地装夹在车床上,以达到优质、高产、低消耗地生产零件的目的。车床常使用一些附件,如三爪卡盘、四爪卡盘、花盘、顶尖与拨盘、中心架和跟刀架等,其构造原理、使用方法、特点及应用,如表 3-3 所示。

表 3-3　车床附件一览表

附件名称	构造原理图	说明	使用方法	特点及应用
三爪卡盘	小锥齿轮上的方孔 （a） 平面螺纹　卡爪　大锥齿轮 （b）	卡盘内有一个大锥齿轮与三个小锥齿轮同时啮合,与背面有平面螺纹与三个卡爪背面平面螺纹相啮合	用卡盘扳手插入小锥齿轮的方孔内（三个之中任何一个）,转动扳手使三个爪手在卡盘体的径向槽内,同时作向心或离心移动,易夹紧或松开工件	特点: 1. 三个卡爪可自动定心,装夹方便; 2. 卡紧力不大; 3. 精度不大（0.05～0.15 mm） 应用最广泛,适用于中小型盘类或轴类零件的装夹
四爪卡盘	调整卡爪用的螺杆　卡爪（分别调整） （a）四爪卡盘 （b）装夹工件	四个卡爪分别安装在卡盘体的四个槽内,卡爪背面有半瓣内螺纹,分别与四个螺杆啮合,转动每个螺杆,可逐个调整卡爪位置	1. 装夹前,先将工件划出加工线; 2. 用卡盘扳手插入螺杆的方孔内,转动扳手,初步调整每个卡爪位置,并夹上工件; 3. 用划针,按加工线,逐个调整卡爪位置,找正工件并夹紧	特点: 1. 夹紧力大; 2. 找正费工时。 应用:适于装夹形状不规则或较大的零件

附件名称	构造原理图	说明	使用方法	特点及应用
花盘	平衡铁 花盘 工件 螺栓孔槽 安装基面 弯板	花盘上的长、短径向导槽,可供紧固工件,或装平衡铁时,穿螺栓用	1. 先将弯板夹在花盘上; 2. 将工件夹在弯板上; 3. 装上平衡铁; 4. 调整各自位置; 5. 空转,找平衡;车端面与内孔	特点: 1. 可装夹由三爪或四爪卡盘无法装夹的工件; 2. 找正费工时。 应用:可装夹形状不规则的工件
顶尖	尾部 60° 锥部 (a)普通顶尖 工件 60° 60° (b)中心钻和中心孔 拨盘 卡箍 (c)用双顶尖装夹 (d)一夹一顶 (e)锥套	顶尖分普通顶尖和活顶尖(内有轴承),前者用于低转速和精加工时装夹工件,后者用于高速切削和粗加工; 顶尖尾部有锥度,可与主轴或尾座的锥孔配合	1. 工件端面先钻中心孔(见图b); 2. 装夹前抹润滑脂于中心孔内; 3. 用双顶尖装夹时,需借助拨盘(或卡盘)和卡箍(鸡心夹头),使工件旋转(见图c); 4. 也可用一夹一顶的方法(见图d); 5. 使用小顶尖装入大锥孔时,可加锥套(见图e); 6. 顶尖与工件的间隙可用尾座手轮调节,调好后,锁紧尾座及套筒	特点: 1. 附件简单; 2. 装夹方便可靠; 3. 用双顶尖装夹时,精度较高。 应用:一般在 $4 < l/d < 10$ 时用,适于要求使用同一装夹基准多次装夹的细长轴类件,如车、铣、磨等工序都用中心孔作定位基准

附件名称	构造原理图	说明	使用方法	特点及应用
中心架	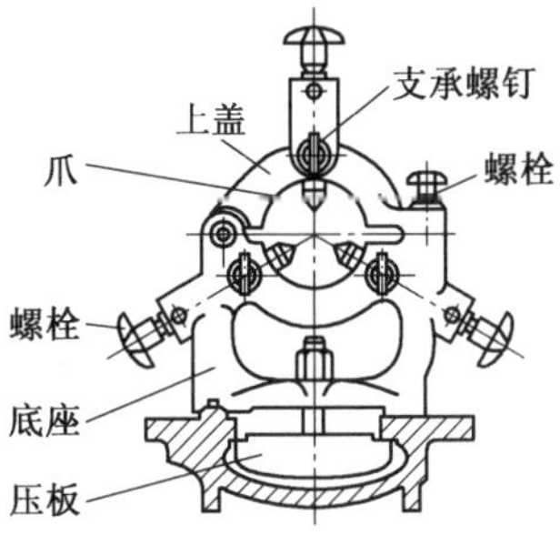 （a）中心架 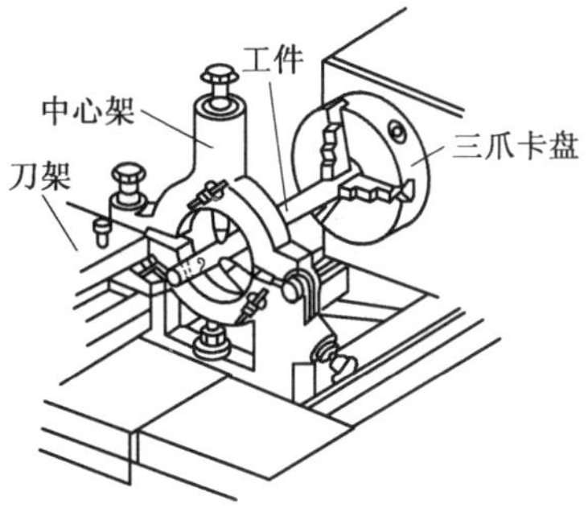 （b）中心架工作情况	由上盖、底座和压板组成，有三个单独调节的螺栓和支承爪，用来径向支持旋转的工件，加工时与工件无相对轴向运动	1. 用三爪卡盘和顶尖支持工件时，先在工件需要支承处车出一段光滑表面，之后卸下工件； 2. 将中心架装在床身顶面的内测导轨上； 3. 打开上盖，装上工件，借助顶尖调节工件与支承爪位置和间隙，三个爪压力一样大，间隙适中，锁紧支承爪，向支点加油，以防磨坏工件	特点：可增加工件的刚性。 应用：用于支持长轴（$l/d > 10$）、阶梯轴及轴的端面和内孔都需加工的轴类工件
跟刀架	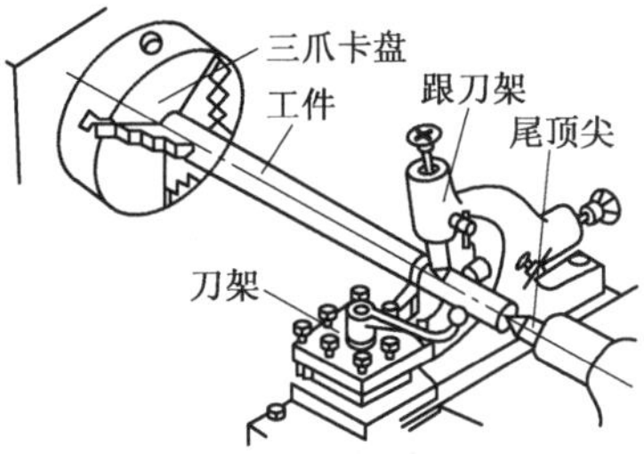	跟刀架上有两个调节螺栓和支承爪径向支承旋转的工件，加工时与刀具一起沿工件轴向运动	1. 用顶尖和三爪卡盘夹持工件，并在接近顶尖一端车出一段光滑圆柱面； 2. 将跟刀架装在刀架纵溜板上，用时随它一起动； 3. 调节方法基本同中心架	特点：增加工件刚性的效果好于中心架。 应用：适于夹持精车细长的光轴（$l/d > 10$）类工件，如丝杠、光杠等

二、设备使用及维护保养

(一)车床的润滑方式

车床的润滑方式有以下几种：

1. 浇油润滑

浇油润滑常用于外露的滑动表面，如床身导轨面和滑板导轨面等。

2. 溅油润滑

溅油润滑常用于封闭的箱体中。如主轴箱中的传动齿轮将箱底的润滑油溅射到箱体上部的油槽中,然后经槽内油孔流到各润滑点进行润滑。

3. 油绳导油润滑

油绳导油润滑常用于进给箱和溜板箱的油池中,利用毛线既易吸油又易渗油的特性,通过毛线把油引入润滑点,间断地滴油润滑,如图3-8(a)所示。

4. 弹子油杯注油润滑

弹子油杯注油润滑常用于尾座、中滑板摇手柄转动轴承处,润滑时用油嘴压下油杯中的弹子,滴入润滑油,如图3-8(b)所示。

5. 黄油杯润滑

黄油杯润滑常用于挂轮架的中间齿轮或不便经常润滑处。在黄油杯内加满钙基润滑脂,需要润滑时,旋转油杯盖,杯中的油脂就被挤压到润滑点中去,如图3-8(c)所示。

6. 油泵输油润滑

常用于转速高、需要大量润滑油连续强制润滑的场合。如主轴箱内的润滑,如图3-9所示。

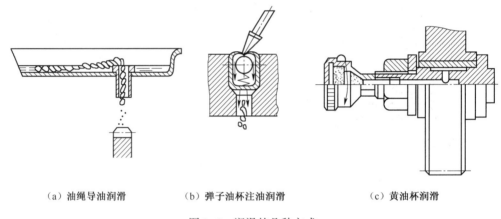

（a）油绳导油润滑　　　　（b）弹子油杯注油润滑　　　　（c）黄油杯润滑

图3-8　润滑的几种方式

(二)车床各部位的润滑方法

图3-10所示为CA6140型车床润滑系统示意图。润滑部位用数字标出。图中除所注②处的润滑部位是用2号钙基润滑脂进行润滑外,其余各部位都用30号机油润滑。换油时,应先将废油放尽,然后用煤油把箱体内清洗干净后,再注入新机油,注入时应用网过滤,且油面不得低于油标中心线。

图3-10中,㉚表示30号机油,圈中的分子数字30表示润滑油为30号机油,其分母数字表示两班制工作时换(添)油间隔的天数。如 $\frac{30}{7}$ 表示润滑油为30号机油,两班制换(添)油间隔天数为7天。

主轴箱内的零件用油泵循环润滑和飞溅油润滑。箱内润滑油一般3个月更换1次。主轴箱体上有一个油标,若发现油标内无油输出,说明油泵输油系统有问题,应立即停车检查断油的原因,待修复后才能开动车床。

进给箱内的齿轮和轴承,除了用齿轮飞溅润滑外,进给箱上部还有用于油绳导油润滑的储油槽,每班应给该储油槽加1次油。

交换齿轮箱中间齿轮轴轴承是黄油杯润滑,每班润滑1次。7天加1次钙基润滑脂。

尾座和中、小滑板手柄的轴承及光杠、丝杠、刀架转动部位靠弹子杯润滑,每班润滑1次。

此外,床身导轨、滑板导轨在工作前后都要擦干净,然后用油枪加油。

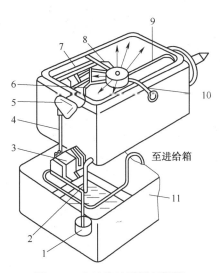

图 3-9 主油箱油泵循环润滑

1—网式滤油器;2—回油管;3—油泵;

4、6、7、9、10—油管;5—过滤器;8—分油器;11—床腿

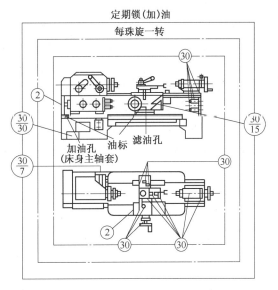

图 3-10 CA6140 型车床润滑系统

(三)车床的日常维护和一级保养

1. 车床的日常维护、保养要求

(1)每天工作后,切断电源,对车床各表面、各罩壳、导轨面、丝杠、光杠、各操作手柄和操作杆进行擦拭,做到无油污、无铁屑、车床外表清洁。

(2)每周保养床身导轨面和中、小滑板导轨面及转动部位。要求油路畅通、油标清晰,并清洗油绳和护床油毛毡,保持车床外表清洁和工作场地整洁。

2. 车床的一级保养要求

通常当车床运行 500 h 后,需进行一级保养。其保养工作以操作工人为主,在维修工的配合下进行。保养时,必须先切断电源,然后按下述顺序和要求进行。

1)主轴箱的保养

(1)清洗滤油器,使其无杂物。

(2)检查主轴锁紧螺母有无松动,紧定螺钉是否拧紧。

(3)调整制动器及离合器摩擦片的间隙。

2)交换齿轮箱的保养

(1)清洗齿轮、轴套,并在油杯中注入新的油脂。

(2)调整齿轮啮合间隙。

(3)检查轴套有无晃动现象。

3)滑板和刀架的保养

拆洗刀架和中、小滑板,洗净擦干净后重新组装,并调整中、小滑板与镶条间隙。

4)尾座的保养

摇出尾座套筒,并擦净涂油,保持内外清洁。

5)润滑系统的保养

（1）清洗冷却泵、滤油器和盛液盘。

（2）保证油路通畅,油孔、油绳、油毡清洁无铁屑。

（3）保持油质良好,油杯齐全,油标清晰。

6）电气系统的保养

（1）清扫电动机、电气箱上的尘屑。

（2）电气装置固定整齐。

7）外表的保养

（1）清洗车床外表面及各罩盖,保持其内外清洁,无锈蚀、无油污。

（2）清洗三杠。

（3）检查螺钉、手柄是否齐全。

【思考与练习】

1. 车床由哪些主要部分组成? 各部分有何功能?

2. 车床上的主运动和进给运动是如何实现的?

3. CA6140 型车床的润滑有哪些具体要求?

4. 车床的日常维护、保养有哪些具体要求?

5. 什么是切削用量三要素? 它们是如何定义的?

6. 车削直径为 $\phi60$ mm 的短轴外圆,若要求一次进刀车到 $\phi55$ mm,当选用 80 m/min 的切削速度时,试问切削速度和主轴转速应选多大?

任务 3.2　车刀的认知

【相关知识与技能】

一、车刀简介

（一）车刀的种类和用途

车刀的种类很多,其分类方法可按车刀的用途、形状、结构、加工精度或材料等进行分类。常用车刀有外圆车刀、端面车刀、切断刀、内孔车刀、圆头车刀和螺纹车刀等,如图 3-11 所示。

各种车刀的用途如图 3-12 所示。

外圆车刀:(90°车刀,又称偏刀)用于车削工件的外圆、台阶和端面。

端面车刀:(45°车刀,又称弯头车刀)用于车削工件的外圆、端面和倒角。

切断刀:用于切断工件或在工件上车槽。

内孔车刀:用于车削工件的内孔。

圆头车刀:用于车削工件的圆弧面或成形面。

螺纹车刀:用于车削螺纹。

（二）车刀的材料

切削时,刀头要承受很大的切削力和很高的温度,因此要求刀头的材料必须具有较高的硬度、耐磨性、热硬性、足够的强度和韧性。

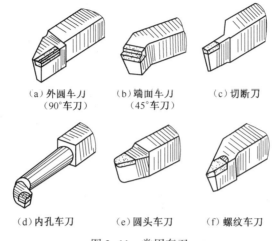

(a) 外圆车刀　　　(b) 端面车刀　　　(c) 切断刀
（90°车刀）　　　（45°车刀）

(d) 内孔车刀　　　(e) 圆头车刀　　　(f) 螺纹车刀

图 3-11　常用车刀

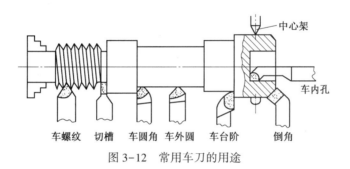

车螺纹　切槽　车圆角　车外圆　车台阶　　倒角

图 3-12　常用车刀的用途

常用的刀具材料有高速钢和硬质合金，其性能对比见表 3-4。

表 3-4　高速钢与硬质合金刀头

名称	牌号	硬度 /HRA	耐热 /℃	允许切速 /(m/min)	应　用	
高速钢	W18Cr4V	82~87	500~600	<30	锻成整体刀，热处理后，适于钢与铸铁精加工	
硬度合金	YG8(钨钴类)	89~91	800~900	200~300	将合金刀头焊在或夹在刀杆上	加工铸铁、青铜
	YT15(钨钛钴类)	89~92	900~1000	200~300		加工钢

(三)车刀的组成

车刀由刀头和刀杆组成，如图 3-13(a) 所示。刀头是车刀的切削部分，刀杆是车刀的夹持部分，使用时被固定在刀架上。

刀头由三面、二刃、一尖组成，如图 3-13(b) 所示。

前刀面：刀具上切屑流过的表面。

主后刀面：刀具上与工件过渡表面(加工表面)相对的表面。

副后刀面：刀具上与工件已加工表面相对的表面。

主切削刃：是前刀面与主后刀面的交线。

副切削刃:是前刀面与副后刀面的交线。

刀尖:是主切削刃与副切削刃的连接处。是一段过渡圆弧或直线。

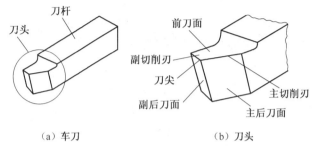

（a）车刀　　　　　　　　（b）刀头

图 3-13　车刀的组成

(四)车刀的几何参数对切削性能的影响

1. 辅助平面

为了确定和测量车刀的角度,需要假想以下三个辅助平面,如图 3-14 所示。

(1)切削平面。通过切削刃上某一选定点,并与工件上过渡表面相切的平面,如图 3-14(b)中的 $ABCD$ 平面。

(2)基面。通过切削刃上某一选定点,并与该点切削速度方向相垂直的平面,如图 3-14(b)中的 $EFGH$ 平面。

(3)截面。截面有主截面和副截面之分。

通过主切削刃上某一选定点,同时垂直于切削平面和基面的平面,叫主截面,如图 3-15(a)中的 P_0—P_0 平面。

通过副切削刃上某一选定点,同时垂直于切削平面和基面的平面,叫副截面,如图 3-15(a)中的 P_0'—P_0' 平面。

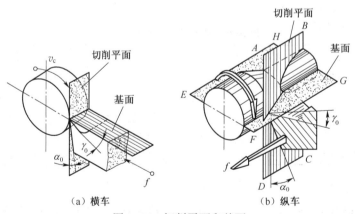

（a）横车　　　　　　　　（b）纵车

图 3-14　切削平面和基面

2. 车刀几何角度与切削性能的关系

车刀切削部分主要有 6 个独立的基本角度:前角(γ_0)、主后角(α_0)、副后角(α_0')、主偏角(κ_r)、副偏角(κ_r')、列倾角(λ_s)。两个派生角度:楔角(β_0)、刀尖角(ε_r),如图 3-15(b)所示。

(1)前角(γ_0)。前角为前刀面和基面间的夹角。前角影响刃口的锋利程度和强度,影响切削变形和切削力。前角增大,能使刃口锋利,减小切削变形,切削省力,排屑顺利;前角减小,可增加

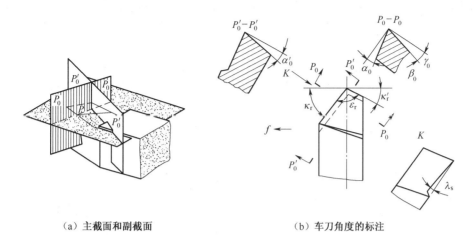

（a）主截面和副截面　　　　　（b）车刀角度的标注

图 3-15　车刀角度的标注

刀头强度和改善刀头的散热条件等。

（2）后角（α_0、α_0'）。后角为后刀面和切削平面间的夹角。后角的主要作用是减小车刀后刀面与工件的摩擦。

（3）主偏角（κ_r）。主偏角为主切削刃在基面上的投影与进给方向间的夹角。主偏角的主要作用是改变主切削刃和刀头的受力及散热情况。

（4）副偏角（κ_r'）：副偏角为副切削刃在基面上的投影与背离进给方向间的夹角。副偏角的主要作用是减少副切削刃与工件已加工表面的摩擦。

（5）刃倾角（λ_s）：刃倾角为主切削刃与基面的夹角。刃倾角的主要作用是控制排屑方向，并影响刀头强度。刃倾角有正值、负值和 0° 三种值，如图 3-16 所示。当刀尖位于主切削刃上的最高点时，刃倾角为正值。切削时，切屑排向工件的待加工表面，切屑不易拉伤已加工表面。当刀

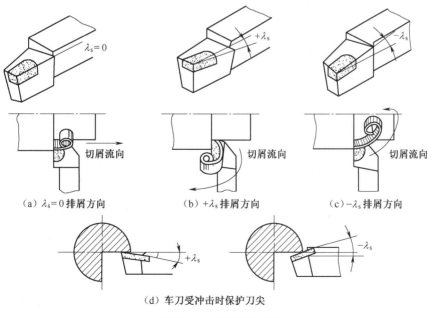

（a）$\lambda_s=0$ 排屑方向　　（b）$+\lambda_s$ 排屑方向　　（c）$-\lambda_s$ 排屑方向

（d）车刀受冲击时保护刀尖

图 3-16　刃倾角的作用

尖位于主切削刃上的最低点时,刃倾角为负值。切削时,切削排向工件的已加工表面,切屑易拉伤已加工表面,但刀尖强度好。当主切削刃与基面平行时,刃倾角为0°。切削时,切屑向垂直于主切削刃的方向排出。

(6)楔角(β_0):楔角为主截面内前刀面与后刀面间的夹角。楔角影响刀头的强度。

(7)刀尖角(ε_r):刀尖角为主切削刃和副切削刃在基面上的投影间的夹角。刀尖角影响刀尖强度和散热条件。

3. 车刀几何角度的标注

车刀几何角度的标注见图3-15(b)。

二、车刀的刃磨

在车床上主要依靠工件的旋转主运动和刀具的进给运动来完成切削工作。因此车刀角度的选择是否合理,车刀刃磨的角度是否正确,都会直接影响工件的加工质量和切削效率。

在切削过程中,由于车刀的前刀面和后刀面处于剧烈的摩擦和切削热的作用之中,会使车刀切削刃口变钝而失去切削能力,只有通过刃磨才能恢复切削刃口的锋利和正确的车刀角度。因此,车工不仅要懂得切削原理和合理地选择车刀角度的有关知识,还必须熟练掌握车刀的刃磨技能。

车刀的刃磨分机械刃磨和手工刃磨两种。机械刃磨效率高、质量好,操作方便。但目前中小型工厂仍普遍采用手工刃磨。因此,车工必须掌握手工刃磨车刀的技术。

(一)砂轮的选用

目前常用的砂轮有氧化铝和碳化硅两类,刃磨时必须根据刀具材料来选定。

1. 氧化铝砂轮

氧化铝砂轮多呈白色,其砂粒韧性好,比较锋利,但硬度稍低(指磨粒容易从砂轮上脱落),适于刃磨高速钢车刀和硬质合金的刀柄部分。氧化铝砂轮又称刚玉砂轮。

2. 碳化硅砂轮

碳化硅砂轮多呈绿色,其砂粒硬度高,切削性能好,但较脆,适于刃磨硬质合金车刀。

砂轮的粗细以粒度表示。GB/T 2485—2016《固结磨具 技术条件》规定了41个粒度号,粗磨时用粗粒度(基本粒尺寸大),精磨时用细粒度(基本粒尺寸小)。

(二)车刀刃磨的方法和步骤

现以90°硬质合金(YT15)外圆车刀为例,介绍手工刃磨车刀的方法。

(1)先磨去车刀前面、后面上的焊渣,并将车刀底面磨平。可选用粒度号为24号~36号的氧化铝砂轮。

(2)粗磨主后面和副后面的刀柄部分(以形成后隙角)。刃磨时,在略高于砂轮中心的水平位置处将车刀翘起一个比刀体上的后角大2°~3°的角度,以便于刃磨刀体上的主后角和副后角(见图3-17)。可选粒度号为24号~36号、硬度为中软(ZR_1、ZR_2)的氧化铝砂轮。

(3)粗磨刀体上的主后面。磨主后刀面时,刀柄应与砂轮轴线保持平行,同时刀体底平面向砂轮方向倾斜一个比主后角大2°的角度。刃磨时,先把车刀已磨好的后隙面靠在砂轮的外圆上,以接近砂轮中心的水平位置为刃磨的起始位置,然后使刃磨位置继续向砂轮靠近,并作左右缓慢移动。当砂轮磨至刀刃处即可结束[见图3-18(a)]。这样可同时磨出 $\kappa_r = 90°$ 的主偏角和主后角。可选用粒度号为36号~60号的碳化硅砂轮。

(4)粗磨刀体上的副后面。磨副后面时,刀柄尾部应向右转过一个副偏角 κ_r' 的角度,同时车刀底平面向砂轮方向倾斜一个比副后角大2°的角度,如图3-18(b)所示。具体刃磨方法与粗磨刀体上主后面大体相同。不同的是粗磨副后面时砂轮应磨到刀尖处为止。如此,也可同时磨出副偏角 κ_r' 和副后角 α_0'。

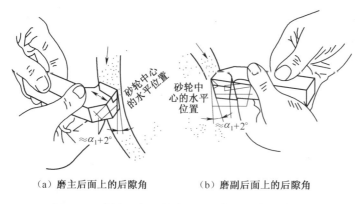

（a）磨主后面上的后隙角　　　（b）磨副后面上的后隙角

图 3-17　粗磨刀柄上的主后面、副后面（磨后隙角）

（5）粗磨前面。以砂轮的端面粗磨出车刀的前面,并在磨前面的同时磨出前角 γ_0,如图 3-19 所示。

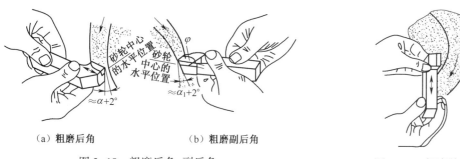

（a）粗磨后角　　　　　　（b）粗磨副后角

图 3-18　粗磨后角、副后角

图 3-19　粗磨前角

（6）磨断屑槽。解决好断屑是车削塑性金属的一个突出问题。若切屑连绵不断、成带状缠绕在工件或车刀上,不仅会影响正常车削,而且会拉毛已加工表面,甚至会发生事故。在刀体上磨出断屑槽的目的是当切屑经过断屑槽时,使切屑产生内应力而强迫它变形而折断。

　　断屑槽常见的有圆弧形和直线形两种

（a）圆弧形　　　　　（b）直线形

图 3-20　断屑槽的两种形式

（见图 3-20）。圆弧形断屑槽的前角一般较大,适于切削较软的材料;直线形断屑槽前角较小,适于切削较硬的材料。断屑槽的宽窄应根据切削深度和进给量来确定,具体尺寸见表 3-5。

　　手工刃磨的断屑槽一般为圆弧形。刃磨时,须先将砂轮的外圆和端面的交角处用修砂轮的金刚石笔（或用硬砂条）修磨成相应的圆弧。若刃磨直线形断屑槽,则砂轮的交角须修磨的很尖锐。刃磨时刀尖可向下磨或向上磨（见图 3-21）。但选择刃磨断屑槽的部位时,应考虑留出刀头倒棱的宽度（即留出相当于走刀量大小的距离）。

表 3-5　硬质合金车刀断屑槽参考尺寸

	切削深度 a_p	进 给 量 f				
		0.3	0.4	0.5~0.6	0.7~0.8	0.9~1.2
		r_{Bn}				
圆弧深 C_{Bn} 为 5~1.3 mm（由所取的前角值决定），r_{Bn} 在 L_{Bn} 的宽度和 C_{Bn} 的深度下成一自然圆弧	2~4	3	3	4	5	6
	5~7	4	5	6	8	9
	7~12	5	8	10	12	14

刃磨断屑槽难度较大，须注意如下要点：

①砂轮的交角处应经常保持尖锐或具有一定的圆弧状。当砂轮棱边磨损出较大圆角时，应及时修整。

②刃磨时的起点位置应该与刀尖、主切削刃离开一定距离，不能一开始就直接刃磨到主切削刃和刀尖上，而使主切削刃和刀尖磨坍。一般起始位置与刀尖的距离等于断屑槽长度的 1/2 左右；与主切削刃的距离等于断屑槽宽度的 1/2 再加上倒棱的宽度。

③刃磨时，不能用力过大，车刀应沿刀柄方向作上下缓慢移动。要特别注意刀尖，切莫把断屑槽的前端口磨坍。

④刃磨过程中应反复检查断屑槽的形状、位置及前角的大小。对于尺寸较大的断屑槽，可分粗磨和精磨两个阶段；尺寸较小的则可一次磨成形。

（7）精磨主后面和副后面。精磨前要修整好砂轮，保持砂轮平稳旋转，如图 3-22 所示。刃磨时将车刀底平面靠在调整好角度的托架上，并使切削刃轻轻地靠在砂轮的端面上，并沿砂轮端面缓慢地左右移动，使砂轮磨损均匀、车刀刃口平直。可选用杯形绿色碳化硅砂轮（其粒度号为 180号~200 号）或金刚石砂轮。

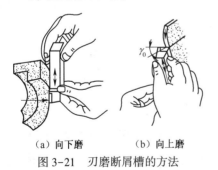

（a）向下磨　　（b）向上磨

图 3-21　刃磨断屑槽的方法

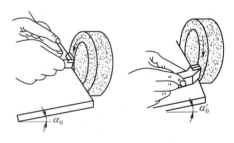

图 3-22　精磨主后面和副后面

（8）磨负倒棱。刀具主切削刃担负着绝大部分的切削工作。为了提高主切削刃的强度，改善其受力和散热条件，通常在车刀的主切削刃上磨出负倒棱，如图 3-23 所示。

负倒棱的倾斜角度 γ_f 一般为 $-5° \sim -10°$，其宽度 b 为走刀量的 0.5~0.8 倍，即 $b = (0.5 \sim 0.8)f$。

对于采用较大前角的硬质合金车刀，及车削强度、硬度特别低的材料，则不宜采用负倒棱。

负倒棱刃磨方法如图 3-24 所示。刃磨时,用力要轻微,要使主切削刃的后端向刀尖方向摆动。刃磨时可采用直磨法和横磨法。为了保证切削刃的质量,最好采用直磨法。

所选用的砂轮与精磨主后刀面的砂轮相同。

(9)磨过渡刃。过渡刃有直线形和圆弧形两种。其刃磨方法与精磨后刀面时基本相同。刃磨车削较硬材料车刀时,也可以在过渡刃上磨出负倒棱。

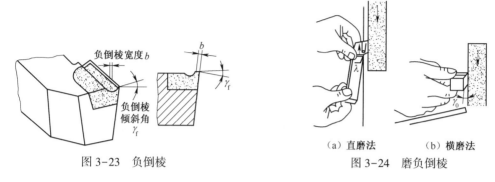

图 3-23 负倒棱　　　　图 3-24 磨负倒棱

(10)车刀的手工研磨。在砂轮上刃磨的车刀,其切削刃有时不够平滑光洁。若用放大镜观察,可以发现其刃口上呈凹凸不平状态。使用这样的车刀车削时,不仅会直接影响工件的表面粗糙度,而且也会降低车刀的使用寿命。若是硬质合金车刀,在切削过程中还会产生崩刃现象。所以手工刃磨的车刀还应用细油石研磨其刀刃。研磨时,手持油石在刀刃上来回移动。要求动作平稳、用力均匀,如图 3-25 所示。

研磨后的车刀,应消除在砂轮上刃磨后的残留痕迹,刀面表面粗糙度值 Ra 应达到 0.4~0.2 μm。

(三)车刀刃磨技能训练

1. 训练内容

(1)刃磨图 3-26 所示的 90°外圆车刀。

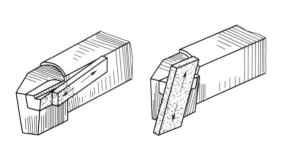

图 3-25 用油石研磨车刀

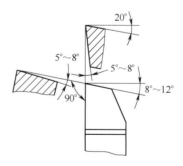

图 3-26 90°外圆车刀刃磨训练

(2)刃磨图 3-27 所示的 45°硬质合金刀头外圆车刀。

(3)刃磨图 3-28 所示的 45°带断屑槽的外圆车刀。

(4)刃磨图 3-29 所示的 90°带断屑槽的外圆车刀。

2. 要求

(1)按图示要求刃磨各刀面。

（2）刃磨、修磨时,姿势要正确,动作要规范,方法要正确。

（3）遵守安全、文明操作的有关规定。

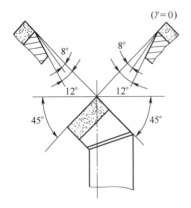

图 3-27　45°硬质合金外圆车刀刃磨训练

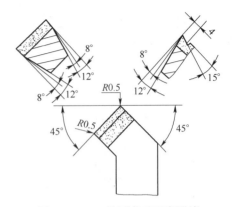

图 3-28　45°外圆车刀刃磨训练

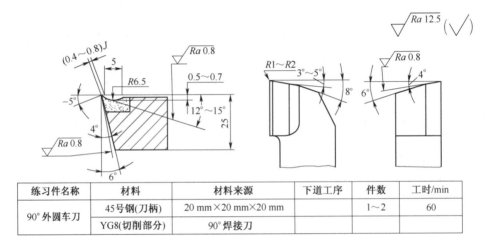

练习件名称	材料	材料来源	下道工序	件数	工时/min
90°外圆车刀	45号钢(刀柄)	20 mm×20 mm×20 mm		1～2	60
	YG8(切削部分)	90°焊接刀			

图 3-29　90°外圆车刀刃磨训练

3. 注意事项

（1）刃磨时需戴防护镜。

（2）新装的砂轮必须经过严格检查,经试转合格后才能使用。

（3）砂轮磨削表面须经常修整。

（4）磨刀时,操作者应尽量避免正对砂轮,以站在砂轮侧面为宜。这样不仅可防止砂粒飞入眼中,更重要的是可避免因万一砂轮破损而伤人。一台砂轮机以一个人操作为好,不允许多人聚在一起围观。

（5）磨刀时,不要用力过猛,以防打滑而伤手。

（6）使用平型砂轮时,应尽量避免在砂轮端面上刃磨。

（7）刃磨高速钢车刀时,应及时冷却,以防刀刃退火,致使硬度降低。而刃磨硬质合金刀头车刀时,则不能把刀体部分置于水中冷却,以防刀片因骤冷而崩裂。

（8）刃磨结束,应随手关闭砂轮机电源。

【思考与练习】

1. 一般车刀由哪几个刀面、哪几条切削刃组成？
2. 什么是切削平面、基面和截面？它们之间有何关系？
3. 车刀有哪些角度？它们是如何定义的？
4. 前角、主偏角、刃倾角对切削有何影响？如何选择这些角度？
5. 常见车刀材料有哪两大类？各有何特点？
6. 如何刃磨主后面和副后面？
7. 断屑槽有何作用？如何刃磨断屑槽？
8. 刀具刃磨时应注意哪些安全事项？

任务 3.3　轴类零件的加工

【相关知识与技能】

一、轴类零件的种类和技术要求

（一）种类

通常把横截面形状为圆形，长度大于直径 3 倍以上的杆件称为轴类零件。按轴的形状可分为光轴、台阶轴、偏心轴和空心轴等，如图 3-30 所示。

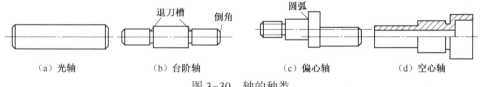

（a）光轴　　　　（b）台阶轴　　　　（c）偏心轴　　　　（d）空心轴

图 3-30　轴的种类

（二）技术要求

一般轴类零件除了尺寸精度和表面粗糙度要求外，还有形状和位置精度要求，如图 3-31 所示。其技术要求是：

（1）尺寸精度和表面粗糙度要求 $\phi34$ mm、$\phi32$ mm、$\phi30$ mm 外圆公差均为 0.039 mm，表面粗糙度值 Ra 为 3.2 μm。$\phi28$ mm、$\phi25$ mm 外圆公差均为 0.033 mm，表面粗糙度值 Ra 为 3.2 μm。

（2）形状精度要求 $\phi30$ mm 外圆的圆柱度公差为 0.03 mm。

（3）位置精度要求 $\phi28$ mm 外圆对 25 mm 外圆的同轴度公差为 0.03 mm。

（三）轴类零件的毛坯形式

一般的轴类零件，常采用热轧圆棒料毛坯或冷拉圆棒料毛坯。比较重要的轴类零件，多采用锻件毛坯。少数结构复杂的轴类零件采用球墨铸铁或稀土铸铁铸造毛坯。

二、基本操作

（一）外圆车刀的种类、特征和用途

常用的外圆车刀有三种，其主偏角（κ_r）分别是 90°、75°、45°。

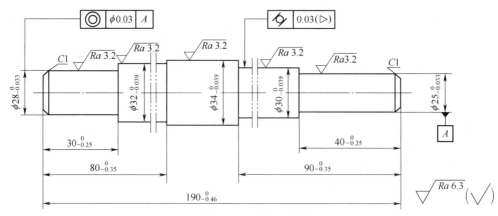

图 3-31 双向台阶轴

1. 90°车刀

简称偏刀,按进给方向不同又分左偏刀和右偏刀两种,如图 3-32 所示。

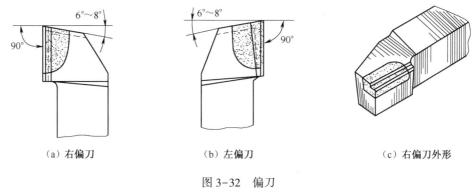

（a）右偏刀　　　　　　　（b）左偏刀　　　　　　　（c）右偏刀外形

图 3-32　偏刀

右偏刀:一般用来车削工件的外圆、端面和右向台阶,如图 3-33(a)、(b)所示。

左偏刀:一般用来车削左向台阶和工件的外圆,也适用于车削直径较大和长度较短的工件端面,如图 3-33(b)、(c)所示。

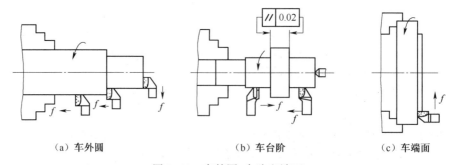

（a）车外圆　　　　　　　（b）车台阶　　　　　　　（c）车端面

图 3-33　车外圆、台阶和端面

2. 75°车刀

75°车刀的刀尖角(ε_r)大于 90°,刀头强度好、耐用。因此适用于粗车轴类工件的外圆和强力切削铸件、锻件等余量较大的工件(见图 3-34),其左偏刀还可用来车削铸件、锻件的大平面(见图 3-34)。

3. 45°车刀

45°车刀俗称弯头刀。其刀尖角(ε_r)等于 90°,所以刀体强度和散热条件比 90°车刀好。常用于车削工件的端面和进行 45°倒角,也可以用来车长度较短的外圆,如图 3-35 所示。

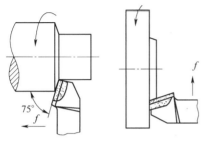

图 3-34 75°车刀的使用

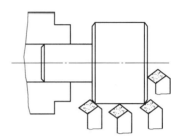

图 3-35 45°车刀的使用

(二)车刀安装

将刃磨好的车刀装夹在方刀架上。车刀安装正确与否,直接影响车削顺利进行和工件的加工质量。所以,在装夹车刀时必须注意下列事项:

(1)车刀装夹在刀架上的伸出部分应尽量短,以增强其刚性。伸出长度约为刀柄厚度的 1~1.5 倍。车刀下面垫片的数量要尽量少,并与刀架边缘对齐,且至少用两个螺钉平整压紧,以防振动,如图 3-36 所示。

(2)车刀刀尖应与工件中心等高[见图 3-37(b)]。车刀刀尖高于工件轴线[见图 3-37(a)],会使车刀的实际后角减少,车刀后面与工件之间的摩擦增大。车刀刀尖低于工件轴线[见图 3-37(c)],会使车刀的实际前角减少,切削阻力增大。刀尖不对中心,在车至端面中心时会留有凸头[见图 3-37(d)]。使用硬质合金时,若忽视此点,车到中心处会使刀尖崩碎[见图 3-37(e)]。

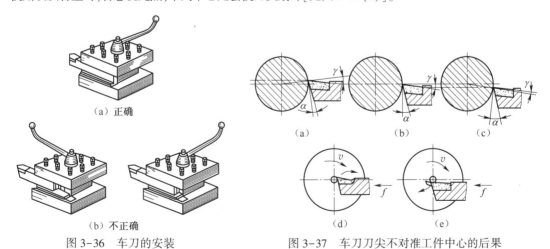

图 3-36 车刀的安装

图 3-37 车刀刀尖不对准工件中心的后果

为使车刀刀尖对准工件中心,通常采用下列几种方法:

(1)根据车床的主轴中心高,用钢直尺测量装刀[见图 3-38(a)]。

（2）根据车床尾座顶尖的高低装刀［见图3-38(b)］。

（3）将车刀靠近工件端面,用目测估计车刀的高低,然后夹紧车刀,试车端面,再根据端面的中心调整车刀。

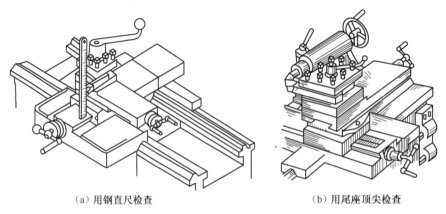

| （a）用钢直尺检查 | （b）用尾座顶尖检查 |

图 3-38　检查车刀中心高

(三)工件的定位与装夹

车削时,必须将工件安装在车床的夹具上或三爪自定心卡盘上,经过定位、夹紧,使它在整个加工过程中始终保持正确的位置。工件安装是否正确可靠,直接影响生产效率和加工质量,应该十分重视。

由于工件形状、大小的差异和加工精度及数量的不同,在加工时应分别采用不同的安装方法。

1. 在三爪自定心卡盘上安装工件

1)三爪自定心卡盘的结构(见表3-3)

三爪自定心卡盘的特点及适用范围:三爪自定心卡盘的三个卡爪是同步运动的,能自定心,一般不需找正。但在装夹较长的工件时,工件离卡盘夹持部分较远处的旋转中心不一定与车床主轴旋转中心重合,这时必须找正。当三爪自定心卡盘使用时间较长,已失去应有精度,而工件的加工精度又要求较高时,也需要找正。

三爪自定心卡盘装夹工件方便、省时,自动定心好,但夹紧力较小,所以适用于装夹外形规则的中、小型工件。

2)夹紧定位注意事项

（1）夹持毛坯。第一次装夹车削时,被夹持部分一定是毛坯面,夹持毛坯面时一般要注意以下几点:

①夹持毛坯某一表面时,要进行选择,以保证所有要加工的表面都有足够的加工余量。

②注意保证加工表面和不加工表面之间的位置精度。

③被夹持部分有毛刺时,应修掉毛刺,以提高定位精度和夹紧时的可靠性。

（2）夹持已加工表面。除第一道工序外,其他工序均应夹持已加工表面。夹持已加工表面时应注意:

①不要夹伤工件表面,通常是垫铜皮后再夹紧。

②夹紧力要适当,防止将工件夹变形。

③装夹后,应使加工、测量方便。

2. 在四爪单动卡盘上安装工件

1）四爪单动卡盘的结构和工作特点（见表3-3）

四爪单动卡盘的四个卡爪是各自独立运动的，因此在安装工件时，必须将工件的旋转中心找正到与车床主轴旋转中心重合后才可车削。四爪单动卡盘找正比较费时，但夹紧力较大，所以适用于装夹大型或形状不规则的工件。

四爪单动卡盘也可装成正爪或反爪两种形式。

2）工件的找正

由于四爪单动卡盘不能自动定心，所以装夹时必须找正。找正步骤如下：

（1）找正外圆。先使划针靠近工件外圆表面，如图3-39（a）所示，用手转动卡盘，观察工件表面与划针间的间隙大小，然后根据间隙大小，调整卡爪位置，调整到各处的间隙均等为止。

（2）找正端面。先使划针靠近工件端面的边缘处，如图3-39（b）所示，用手转动卡盘，观察工件端面与划针间的间隙大小，然后根据间隙大小，调整工具端面，调整时可用铜锤或铜棒敲击工件的端面，调整到各处的间隙均等为止。

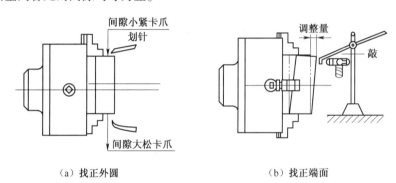

（a）找正外圆　　　　　　　（b）找正端面

图 3-39　四爪卡盘找正工件

（3）使用四爪单动卡盘时的注意事项：

①夹持部分不宜过长，一般为 10~15 mm 比较适宜。

②为防止夹伤工件，装夹已加工表面时应垫铜皮。

③找正时应在导轨上垫上木板，以防工件掉下砸伤床面。

④找正时不能同时松开两个卡爪，以防工件掉下。

⑤找正时主轴应放在空挡位置，以使卡盘转动轻便。

⑥工件找正后，四个卡爪的夹紧力要基本一致，以防车削过程中工件位移。

⑦当装夹较大的工件时。切削用量不宜过大。

3. 在两顶尖之间安装工件

对于较长或必须经过多道工序才能完成的轴类工件，为保证每次安装时的精度可用两顶尖装夹。两顶尖安装工件方便，不需找正，而且定位精度高，但装夹前必须在工件的两端面钻出合适的中心孔。

1）两顶尖定位的特点及适用范围

两顶尖装夹工件方便，不需找正，装夹精度高。对于较长的、须经过多次装夹的、或工序较多的工件，为保证装夹精度，可用两顶尖装夹，如图3-40所示。

2）中心孔的种类及适用场合

国家标准规定中心孔有四种：A 型（不带保护锥）、B 型（带保护锥）、C 型（带内螺纹孔）、R 型

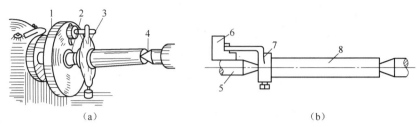

图 3-40　两顶尖装夹工件

1—拨盘；2、5—前顶尖；3、7—鸡心夹；4—后顶尖；6—卡爪；8—工件

（带内圆弧面）。

①A 型中心孔由圆柱部分和圆锥部分组成，圆锥孔的圆锥角为 60°，与顶尖锥面配合。

②B 型中心孔是在 A 型中心孔的端部多了一个 120° 的保护锥，保护锥的作用是防止 60° 碰伤而影响中心孔的定位精度。B 型中心孔适用于精度要求较高，工序较多的工件。

③C 型中心孔的外端似 B 型中心孔，里端有一段用于连接的内螺纹孔，当需要把其他零件轴向固定在轴上时，可用 C 型中心孔。

④R 型中心孔是将 A 型中心孔的圆锥面改为圆弧面，这就将顶尖与中心孔的面接触改为线接触，装夹时能纠正少量的位置误差，R 型中心孔常用于轻型和高精度的轴上。

中心孔的尺寸以圆柱孔直径 D 为基本尺寸。

3）防止中心钻折断的措施

直径在 6.3 mm 以下的中心孔常用高速钢制成的中心钻（见图 3-41）直接钻出。钻中心孔时，由于中心钻切削部分的直径较小，稍不注意就会折断，防止中心钻折断的措施有：

（1）中心钻的轴线必须与工件的旋转中心一致。

（2）工件端面必须车平，不允许留有凸台。

（3）及时注意中心钻的磨损情况，磨损后应及时修磨，不能强行钻入。

（4）合理选择切削用量，工件转速不宜低，中心钻进给速度不宜太快。

（5）充分浇注切削液，并经常退出中心钻清理切屑。

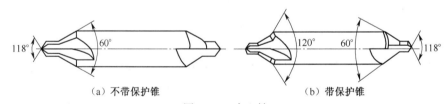

（a）不带保护锥　　　　　　　　　（b）带保护锥

图 3-41　中心钻

4. 一夹一顶装夹

由于两顶尖装夹刚性较差，因此在车削轴类零件，尤其是较重的工件时，常采用一夹一顶装夹。为了防止工件轴向位移，须在卡盘内装一限位支承，如图 3-42（a）所示，或利用工件的台阶作限位，见图 3-42（b）。由于一夹一顶装夹刚性好，轴向定位准确，且比较安全，能承受较大的轴向切削力，因此应用广泛。

（四）车外圆

将工件安装在卡盘上作旋转运动，车刀安装在刀架上使之接触工件并作相对纵向进给运动，便可车出外圆。

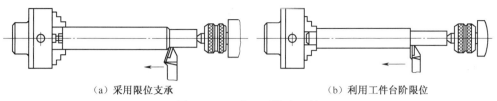

（a）采用限位支承   （b）利用工件台阶限位

图 3-42 一夹一顶装夹工件

1. 车外圆的步骤

（1）准备。根据图样检查工件的加工余量，做到车削时心中有数，大致确定纵向进给的次数。

（2）对刀。启动车床使工件旋转。左手摇动床鞍手轮，右手摇动中滑板手柄，使车刀刀尖靠近并轻轻地接触工件待加工表面，以此作为确定切削深度的零点位置。

反向摇动床鞍手轮（此时中滑板手柄不动），使车刀向右离开工件 3~5 mm。

（3）进刀。摇动中滑板手柄，使车刀横向进给，其进给量为切削深度。

（4）试切削。试切削的目的是控制切削深度，保证工件的加工尺寸。车刀进刀后作纵向移动 2 mm 左右时，纵向快退，停车测量。如尺寸符合要求，就可继续切削；如尺寸还大，可加大切削深度；若尺寸过小，则应减小切削深度。

（5）正常车削。通过试切削调好切削深度便可正常车削。此时，可选择机动或手动纵向进给。当车削到所需部位时，退出车刀，停车测量。如此多次进给，直到被加工表面达到图样要求为止。

2. 刻度盘的原理及应用

车削工件时，为了准确和迅速地掌握切削深度，通常用中滑板或小滑板上的刻度盘来做进刀的参考依据。

中滑板的刻度盘装在横向进给丝杠端头，当摇动横向进给丝杠一圈时，刻度盘也随之转一圈，这时固定在中滑板上的螺母就带动中滑板、刀架及车刀一起移动一个螺距。如果中滑板丝杠螺距为 5 mm，刻度盘分为 100 格，当手柄摇转一周时，中滑板就移动 5 mm；当刻度盘每转过一格时，中滑板移动量为 0.05 mm，小滑板的刻度盘可以用来控制车刀短距离的纵向移动，其刻度原理与中滑板的刻度盘相同。

转动中滑板丝杠时，由于丝杠与螺母之间的配合存在间隙，滑板会产生空行程（即丝杠带动刻度盘已转动，而滑板并未立即移动）。所以使用刻度盘时要反向转动适当角度，消除配合间隙，然后再慢慢转动刻度盘到所需的格数；如果多转动了几格，绝不能简单退回，而必须向相反方向退回全部行程，再转到所需要的刻度位置，如图 3-43 所示。

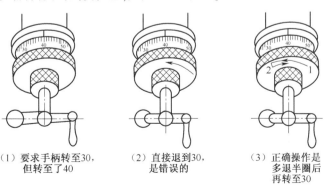

（1）要求手柄转至30，但转至了40   （2）直接退到30，是错误的   （3）正确操作是多退半圈后再转至30

图 3-43 中拖板的用法

由于工件是旋转的,用中滑板刻度盘指示的切削深度,实现横向进刀后直径上被切除的金属层是切削深度的2倍。因此,当已知工件外圆还剩余加工余量时,中滑板刻度控制的切削深度不能超过此时加工余量的1/2;而小滑板刻度盘的刻度值,则直接表示工件长度方向的切除量。

车削阶台时,准确掌握阶台长度的关键是按图样选择正确的测量基准。若基准选择不当,将造成积累误差(尤其是多阶台的工件)而产生废品。

(五)车端面

启动机床使工件旋转,移动小滑板或床鞍,控制切削深度,摇动中滑板手柄作横向进给,由工件外缘向中心车削,也可由中心向外缘车削,若选用90°外圆车刀车削端面,还应采取由中心向外缘车削,如图3-44所示。

粗车时,一般取 $a_p = 2 \sim 5$ mm,$f = 0.3 \sim 0.7$ mm/r;精车时,一般选 $a_p = 0.2 \sim 1$ mm,$f = 0.1 \sim 0.3$ mm/r。车端面时的切削速度随着工件直径的减小而减小,计算时必须按端面的最大直径计算。

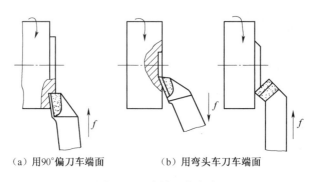

(a)用90°偏刀车端面 (b)用弯头车刀车端面

图3-44 车端面的方法

(六)车台阶

车台阶时,通常选用90°外圆偏刀。车低台阶时,车刀的主切削刃与工件垂直。车高台阶时,为保证台阶端面和轴线垂直度,可取主偏角大于90°(一般为93°左右)。

粗车时的台阶长度除第一挡(即端头的)阶台长度略短外(留精车余量),其余各挡车到长度。

精车时,通常在机动进给精车外圆到近台阶处时,以手动进给代替机动进给。当车到台阶面时,应用手动移动中滑板从里向外慢慢精车(见图3-45),以确保台阶端面对轴线的垂直度。

通常控制台阶长度方法有以下几种。

1. 刻线法

先用钢直尺或样板量出台阶的长度尺寸,用车刀刀尖在台阶的所在位置处车出细线,然后再车削,如图3-46(a)所示。

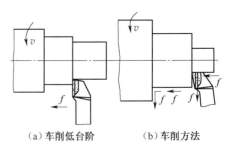

(a)车削低台阶 (b)车削方法

图3-45 台阶的车削方法

2. 用挡铁控制台阶长度

在成批生产台阶轴时,为了迅速地车准台阶长度,可用挡铁定位来控制,如图3-46(b)所示。先把挡铁1固定在床身导轨的适当位置,与图上台阶 a_3 的轴向位置一致,挡铁2、3的长度分别等于 a_2、a_1 的长度。当床鞍纵向进给碰到挡铁3时,工件台阶长度 a_1 车好;拿去挡铁3,调整好下一个台阶的切削深度,继续纵向进给,当床鞍碰到挡铁2时,台阶长度 a_2 车好;当床鞍碰到挡铁1时,

台阶长度 a_3 车好。

3. 床鞍纵向进给刻度盘控制台阶长度

根据台阶长度计算出刻度盘手柄应转过的格数,以控制台阶长度,如图3-46(c)所示。

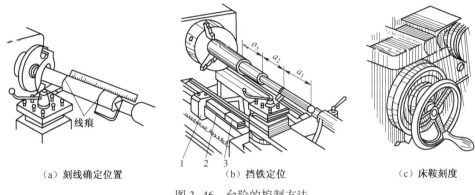

（a）刻线确定位置　　　　（b）挡铁定位　　　　（c）床鞍刻度

图 3-46　台阶的控制方法

（七）切断

在车削加工中,把棒料或工件切成两段(或数段)的加工方法叫切断。一般采用正向切断法,即车床主轴正转,车刀横向进给进行车削。

切断的关键是切断刀的几何参数的选择及其刃磨和选择合理的切削用量。

1. 切断刀

切断刀以横向进给为主,前端的切削刃是主切削刃,两侧的切削刃是副切削刃。一般切断刀的主切削刃较窄,刀体较长,因此刀体强度较差,在选择刀体的几何参数和切削用量时,要特别注意提高切断刀的强度问题。图3-47所示是高速钢切断刀。

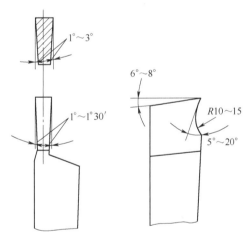

图 3-47　高速钢切断刀

（1）前角（γ_0）:切断塑性工件时取大些,切断脆性工件时取小些,一般取5°~20°。

（2）后角（α_0）:切断塑性工件时取大些,切断脆性工件时取小些,一般取6°~8°。

（3）副后角（α_0'）:切断刀有两个对称的副后角 $\alpha_0' = 1° \sim 3°$,其作用是减少两个副后刀面与工件的摩擦。

（4）主偏角（κ_r）:切断刀以横向进给为主,因此 $\kappa_r = 90°$。

（5）副偏角（κ_r'）:两个副偏角也必须对称,$\kappa_r' = 1° \sim 1°30'$,其作用是减少两个副切削刃与工件的摩擦。

（6）主切削刃宽度 a:主切削刃太宽会引起振动,并浪费材料,太窄又削弱刀头强度,主切削刃宽度可用下面的经验公式计算:

$$a \approx (0.5 \sim 0.6)\sqrt{d} \text{（mm）}$$

式中　d——工件待加工表面直径,mm;

　　　a——主切削刃宽度,mm。

（7）刀头长度：刀头太长易振动和使切断刀折断，刀头长度可用下式计算：

$$L=h+(2\sim3)$$

式中　L——刀头长度，mm；

　　　h——切入深度，mm。

（8）卷屑槽：为使切削顺利，在前刀面上磨出卷屑槽。卷屑槽不宜磨得太深，一般在 0.75～1.5 mm，如图 3-48（a）所示。卷屑槽磨的太深，其刀头强度差，容易折断，如图 3-48（b）所示，更不能把前面磨的太低或磨成台阶形，如图 3-48（c）所示，这种刀切削不顺利，排屑困难，切削负荷大增，刀头容易折断。

用硬质合金切断刀高速切断工件时，切屑和工件槽宽相等容易堵塞在槽内。为了排屑顺利，可把主切削刃两边倒角磨成"人"字形。高速切断时，会产生很大的热量，为防止刀片脱焊，在开始切断时应浇注充分的切削液。为增加刀体的强度，常将切断刀刀体下部做成凸圆弧形，如图 3-49 所示。

　　（a）正确　　　　　　　　（b）错误一　　　　　　　　（c）错误二

图 3-48　卷屑槽正确与错误示意图

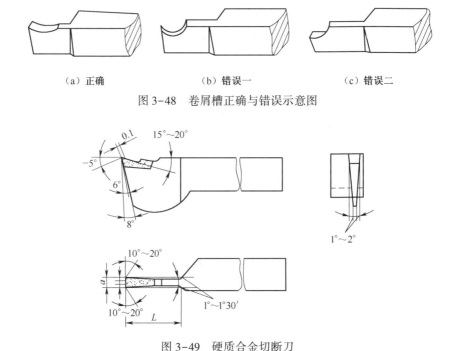

图 3-49　硬质合金切断刀

2. 切断刀的安装

（1）安装时，切断刀不宜伸出过长，同时切断刀的中心线必须与工件中心线垂直，以保证两个副偏角对称。

（2）切断实心工件时，切断刀的主切削刃必须与工件中心等高，否则不能车到中心，而且容易崩刃，甚至折断车刀。

（3）切断刀的底平面应平整，以保证两个副后角对称。

3. 切断方法

（1）直进法切断工件。所谓直进法，是指垂直于工件轴线方向进行切断［见图 3-50（a）］。这种方法切断效率高，但对车床、切断刀的刃磨和安装都有较高的要求，否则容易造成刀头折断。

（2）左右借刀法切断工件。在切削系统（刀具、工件、车床）刚性不足的情况下，可采用左右借刀法［见图 3-50（b）］。这种方法是指切断刀在轴线方向反复地往返移动，随之两侧径向进给，直到工件切断。

4. 减少振动和防止刀体折断的方法

（1）适当加大前角，一般控制在20°以下，使切削力减小；同时适当减小后角，让切断刀刀刃附近起消振作用把工件稳定，防止工件产生振动。

（2）选用适宜的主切削刃宽度。主切削刃宽度小，使切削部分强度减弱；主切削刃宽度大，切断阻力大容易引起振动。

（3）切断刀应安装正确，不得歪斜或高于、低于工件中心太多。

（4）手动进给切断时，摇手柄应连续、均匀，若切削中必须停车时，应先退刀，后停车。

（5）切断时切断刀应尽量靠近卡盘，如图3-51所示。

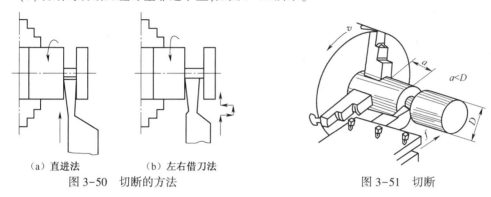

（a）直进法　　　（b）左右借刀法

图3-50　切断的方法

图3-51　切断

三、外圆、台阶的测量方法

（一）外径尺寸的测量

测量外径时，一般精度尺寸常选用游标卡尺、卡规等，精度要求较高时则选用千分尺等。

（二）深度和高度的测量

1. 深度测量

深度一般是指内表面的长度尺寸，一般情况下用游标深度尺测量，若尺寸精度要求较高，可用深度千分尺测量。

2. 高度测量

高度一般是指外表面的长度尺寸，如台阶面到某一端面的距离。若尺寸要求不高，可用钢直尺、游标卡尺、游标深度尺、样板等测量，如图3-52所示。当尺寸精度要求较高时，也可将工件立在检验平板上，利用百分表（或杠杆百分表）和量块进行比较测量。

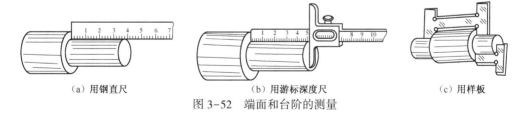

（a）用钢直尺　　　　　　　　（b）用游标深度尺　　　　　　　（c）用样板

图3-52　端面和台阶的测量

【思考与练习】

1. 车端面时，可以选用哪几种车刀？分析各种车刀车端面时的优缺点，各适合用于什么情况？

2. 低阶台和高阶台的车削有什么不同？控制阶台长度有哪些方法？

3. 粗车刀和精车刀各有哪些要求？

4. 车轴类零件时，一般有哪几种安装方法？各有什么特点？

5. 钻中心孔时，如何防止中心钻折断？

6. 切断实心或空心工件时，切断刀的刀头长度应如何计算？

7. 如何防止切断刀折断？

8. 测量轴类零件的量具有哪几种？如何正确测量？

任务 3.4 套类零件的加工

【相关知识与技能】

机器上的各种轴承套、齿轮、带轮等，因支承和连接配合的需要，一般都做成带圆柱孔的，通常把以上带孔的零件称为套类零件，如图 3-53 所示。

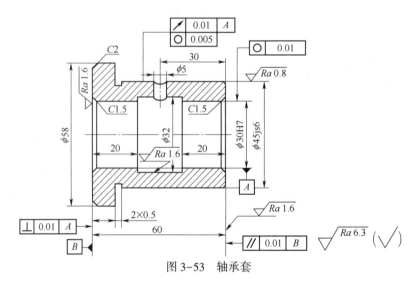

图 3-53 轴承套

一、套类零件的技术要求

套类零件作为配合的孔，一般都要求有较高的尺寸精度、较小的表面粗糙度和较高的形位精度。图 3-53 所示为典型的轴承套零件。

(一)精度要求

1. 形状精度

(1)ϕ30H7 孔的圆度公差为 0.01 mm。

(2)ϕ45js6 外圆的圆度公差为 0.005 mm。

2. 位置精度

(1)ϕ45js6 外圆对 ϕ30H7 孔轴线的径向圆跳动公差为 0.01 mm。

(2)左端面对面 φ30H7 孔轴线的垂直度公差为 0.01 mm。

(3)φ30H7 孔的右端面对左端面 B 的平行度公差为 0.01 mm。

(二)套类零件的车削特点

(1)孔加工是在工件内部进行的,不易观察到切削情况。

(2)刀杆尺寸由于受孔径和孔深的限制,刀杆细而长,刚性差,特别是加工小直径的深孔时更为突出。

(3)排屑和冷却困难。

(4)孔尺寸测量困难。

(三)套类零件的安装定位

装夹套类零件时,关键是如何保证位置精度要求。保证同轴度、垂直度的装夹方法有:

1. 一次装夹车削

一次装夹是在一次装夹中把工件全部或大部分尺寸加工完的一种装夹方法,如图 3-54 所示。此方法没有定位误差,可获得较高的形位精度,但需经常转动刀架,变换切削用量,尺寸较难控制。

2. 以外圆定位车削内孔

工件以外圆定位车削内孔时,一般应使用软卡爪。

软卡爪是用未经淬火的钢料(45 号钢)制成的,如图 3-55 所示。用软卡爪装夹已加工表面或软金属时,不易夹伤工件表面。这种卡爪应在本身所在的车床上车成所需要的尺寸和形状,以确保装夹精度。还可根据工件的特殊形状来制作特殊形状的软卡爪,以满足装夹要求。

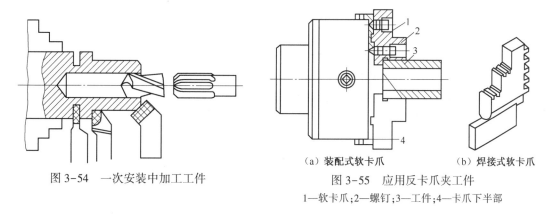

图 3-54　一次安装中加工工件

（a）装配式软卡爪　（b）焊接式软卡爪

图 3-55　应用反卡爪夹工件

1—软卡爪;2—螺钉;3—工件;4—卡爪下半部

3. 以内孔定位车削外圆

中、小型轴套、带轮、齿轮等零件,常以内孔定位安装在心轴上加工外圆。常用的心轴有以下几种。

(1)小锥度心轴[见图 3-56(a)]。小锥度心轴有 1∶1 000~1∶5 000 的锥度,其优点是制造容易,由于配合无间隙,所以加工精度较高,缺点是长度方向上无法定位,承受的切削力较小。装卸不太方便。

(2)带台阶的圆柱心轴[见图 3-56(b)]。这种心轴可同时装夹多个工件,但由于心轴与孔配合间隙的存在,所以加工精度较低。

(3)胀力心轴[见图 3-56(c)]。它是依靠心轴弹性变形所产生的胀力来撑紧工件的。其优点是装夹方便,加工精度较高,但夹紧力较小。

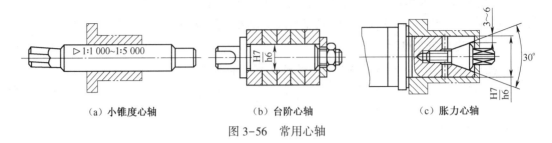

（a）小锥度心轴　　　　　　（b）台阶心轴　　　　　　（c）胀力心轴

图 3-56　常用心轴

二、基本操作

（一）钻孔与扩孔

用钻头在实体材料上加工孔的方法叫钻孔。钻孔属于粗加工，其尺寸精度一般可达 IT12 ~ IT11，表面粗糙度 $Ra12.5 \sim Ra6.3\ \mu m$。麻花钻是钻孔最常用的刀具，钻头一般用高速钢制成，由于高速切削的发展，镶硬质合金的钻头也得到了广泛应用。

1. 麻花钻的种类和组成

麻花钻有直柄和莫氏锥柄两种。麻花钻的组成如图 3-57 所示。

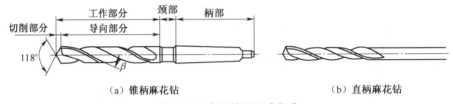

（a）锥柄麻花钻　　　　　　　　　　　　　（b）直柄麻花钻

图 3-57　麻花钻的组成部分

（1）柄部。柄部在钻削时起传递扭矩和夹持定心的作用。

（2）颈部。直径较大的麻花钻在颈部标注有商标、麻花钻直径和材料牌号等。

（3）工作部分。工作部分是麻花钻的主要部分，由切削部分和导向部分组成。

2. 麻花钻的几何形状（见图 3-58）

（1）螺旋槽。螺旋槽的作用是构成切削刃、排出切屑和通过切削液。

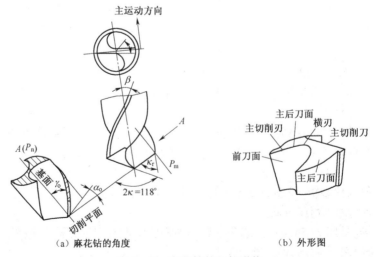

（a）麻花钻的角度　　　　　　　（b）外形图

图 3-58　麻花钻的几何形状

（2）螺旋角（β）。螺旋槽上最外缘的螺旋线展开成直线后与轴线之间的夹角。麻花钻不同直径处的螺旋角是不同的,越靠近中心螺旋角越小。麻花钻的名义螺旋角是指外缘处的螺旋角。标准麻花钻的螺旋角为 18°~30°。

（3）前刀面。前刀面是指麻花钻上的螺旋槽面。

（4）主后刀面。主后刀面是指钻顶的螺旋圆锥面。

（5）顶角（$2\kappa_r$）。顶角是指麻花钻两切削刃之间的夹角。一般标准麻花钻的顶角为 118°,顶角大,主切削刃短,定心差,钻出的孔径易扩大。刃磨麻花钻时,常根据切削刃的形状来鉴别顶角的大小。当麻花钻的顶角为 118°时,两切削刃为直线,若顶角不等于 118°时,两切削刃则变为曲线,如图 3-59 所示。

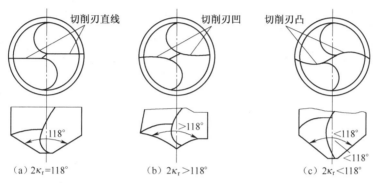

（a）$2\kappa_r=118°$ （b）$2\kappa_r>118°$ （c）$2\kappa_r<118°$

图 3-59 麻花钻顶角大小对切削刀的影响

（6）前角（γ_0）。前角是指前刀面与基面之间的夹角。麻花钻前角的大小与螺旋角、顶角、钻心直径等有关。而影响最大的是螺旋角,螺旋角越大,前角也越大,所以麻花钻靠近外缘处的前角为最大,自外缘向中心逐渐减小,前角的变化范围为+30°~-30°。

（7）后角（α_0）。后角是指后刀面与切削平面之间的夹角。为了测量方便,后角应在圆柱面内测量,如图 3-60 所示。

（8）横刃。横刃是指麻花钻两切削刃之间的连接线。横刃太短,会影响钻尖强度,横刃太长,会使轴向力增大。

（9）横刃斜角（Ψ）。在垂直于钻头轴线的端面投影图中,横刃与主切削刃之间的夹角称为横刃斜角。它的大小由后角的大小决定。后角大时,横刃斜角减小,横刃变长,后角减小时,情况相反。横刃斜角一般为 55°。

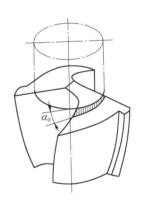

图 3-60 麻花钻的后角

（10）棱边。棱边又称刃带,是麻花钻的副切削刃,起导向和修光孔壁的作用。其上有倒锥,可减小麻花钻与孔壁的摩擦。

3. 麻花钻的刃磨要求

麻花钻刃磨时,一般只刃磨两个主后刀面,但同时要保证后角、顶角和横刃斜角正确。所以麻花钻的刃磨比较困难。

麻花钻的刃磨必须达到下列两个基本要求:

（1）麻花钻的两条主切削刃要对称。

（2）横刃斜角一般为 55°。

4. 麻花钻的刃磨方法(见图3-61)

(1)刃磨前,钻头主切削刃应放置在砂轮中心线上或稍高些。钻头中心线与砂轮外圆柱母线在水平面内的夹角等于顶角的一半,钻尾应向下倾斜1°~2°,如图3-61(a)所示。

(2)刃磨时,右手握住钻头前端作支点,左手握住钻尾,以钻头前端为支点圆心,钻头上下摆动,摆动范围为15°~20°,并略带旋转。旋转时不能转动太多,上下摆动也不能太大,以防磨出负后角或把另一面主切削刃磨掉,如图3-61(b)所示。

(3)当一个主切削刃磨完以后,把钻头转过180°,刃磨另一个主切削刃。

(4)刃磨时,钻头应经常放入水中冷却,以防退火。

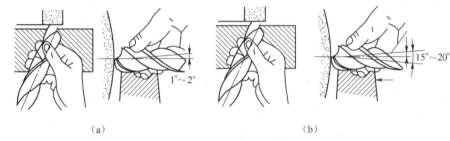

（a）　　　　　　　　　　　　（b）

图3-61　麻花钻的刃磨方法

5. 钻头的装夹

(1)直柄麻花钻的装夹安装时,用钻夹头夹住麻花钻直柄,然后将钻夹头的锥柄用力装入尾座套筒内即可使用。拆卸钻头时动作相反。

(2)锥柄麻花钻的装夹:麻花钻的锥柄如果和尾座套筒锥孔的规格相同,可直接将钻头插入尾座套筒锥孔内进行钻孔,如果麻花钻的锥柄和尾座套筒锥孔的规格不相同,可采用锥套作过渡。拆卸时,用斜铁插入腰形孔,敲击斜铁即可把钻头卸下来,如图3-62所示。

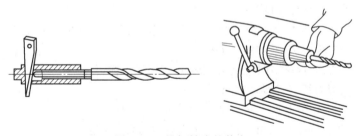

图3-62　锥柄钻头的装夹

6. 钻孔时的切削用量(见图3-63)

(1)背吃刀量(a_p):钻孔时的背吃刀量是钻头直径的1/2,即扩孔、铰孔时的背吃刀量为:

$$a_p = \frac{D}{2}$$

$$a_p = \frac{D-d}{2}$$

(2)切削速度(v_c):钻孔时的切削速度是麻花钻主切削刃外圆处的线速度;其计算公式为:

$$v_c = \frac{\pi dn}{1\,000}$$

式中　v_c——切削速度,m/min;

　　　　d——钻头直径,mm;

　　　　n——主轴转数,r/min。

用高速钢麻花钻钻钢料时,一般选 $v_c = 15 \sim 30$ m/min;钻铸铁时,一般选 $v_c = 75 \sim 90$ m/min。

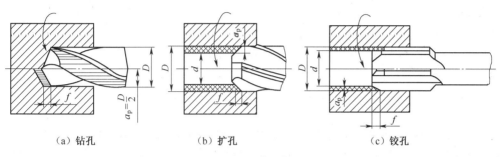

（a）钻孔　　　　　　　　（b）扩孔　　　　　　　　（c）铰孔

图 3-63　扩孔时的切削用量

（3）进给量(f):在车床上钻孔时,工件转一周,钻头沿轴向移动的距离为进给量。在车床上是用手慢慢转动尾座手轮实现进给运动的。进给量太大,会使钻头折断,用直径为 12 ~ 25 mm 的麻花钻钻钢料时,一般选 $f = 0.15 \sim 0.35$ mm/r;钻铸铁时,进给量可略大些。

7. 钻孔时注意事项

（1）将钻头装入尾座套筒中,找正钻头轴线与工件旋转轴线相重合,否则会使钻头折断。

（2）钻孔前,必须将端面车平,中心处不允许有凸台,否则钻头不能自动定心,将会导致钻头折断。

（3）当钻头刚接触工件端面或通孔快要钻穿时,进给量要小,以防钻头折断。

（4）钻小而深的孔时,应先用中心钻钻中心孔,以免将孔钻歪,在钻孔过程中,必须经常退出钻头清除切屑。

（5）钻削钢料时必须浇注充分的切削液,钻铸铁时可不用切削液。

8. 扩孔方法

用扩孔刀具扩大工件孔径的方法称为扩孔。常用的扩孔刀具有麻花钻和扩孔钻。精度要求较低的孔可用麻花钻扩孔,精度要求较高的孔可用扩孔钻扩孔。扩孔精度一般可达 IT11 ~ IT10,表面粗糙度值 Ra 为 12.5 ~ 6.3 μm。

1）用麻花钻扩孔

用麻花钻扩孔时,由于横刃不参加切削,轴向切削力较小,进给省力,再加上钻头外圆处的前角较大,容易将钻头拉出,使钻头在尾座套筒中打滑,所以扩孔时,应将钻头外圆处的前角修磨得小些,并适当控制进给量,决不能因为钻削轻松而盲目加大进给量。

2）用扩孔钻扩孔

扩孔钻(见图 3-64)的主要特点是:

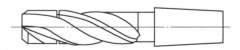

（a）高速钢扩孔钻　　　　　　　　　　（b）硬质合金扩孔钻

图 3-64　扩孔钻

（1）扩孔钻的齿数较多，导向性好，切削平稳。

（2）没有横刃，可以避免横刃对切削的不良影响。

（3）扩孔钻的钻心粗，刚性好，可选较大的切削用量。

由于扩孔钻结构上的特点弥补了麻花钻的不足，所以用扩孔钻扩孔的效果比麻花钻好。

（二）车孔

车孔可以作为粗加工，也可以作为精加工。车孔的精度一般可达 IT8～IT7。表面粗糙度值 Ra 为 3.2～1.6 μm，精车表面粗糙度值 Ra 可达 0.8 μm 或更小。

1. 常用内孔车刀

内孔车刀可分为通孔车刀和盲孔车刀两种，如图 3-65 所示。

1）通孔车刀

通孔车刀的几何形状基本上与外圆车刀相似，主偏角（κ_r）一般为 60°～75° 之间，副偏角（κ_r'）一般为 15°～30°。为了防止内孔车刀后刀面和孔壁摩擦又不使后角磨得太大，一般磨成两个后角，如图 3-65（c）所示。

2）盲孔车刀

盲孔车刀是用来车盲孔或台阶孔的，它的主偏角（κ_r）大于 90°（κ_r = 92°～95°），后角的要求和通孔车刀一样。刀尖在刀杆的最前端，刀尖到刀杆外端的距离 a 小于半径 R，否则无法车平孔的底面，如图 3-65（b）所示。

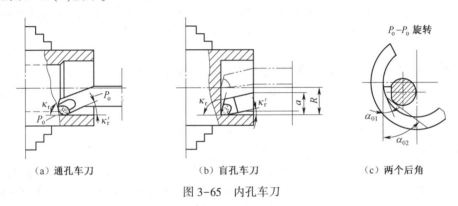

（a）通孔车刀　　　　　（b）盲孔车刀　　　　　（c）两个后角

图 3-65　内孔车刀

2. 车内孔的关键技术问题

车内孔的工作条件较差，刀杆刚性差，排屑困难，所以车内孔的关键技术是解决内孔车刀的刚性和排屑问题。

增加内孔车刀的刚性主要采用以下两项措施：

（1）尽量增加刀杆的截面积。当内孔车刀的刀尖位于刀杆的中心线上时，刀杆的截面积可达到最大限度，如图 3-66（a）所示。

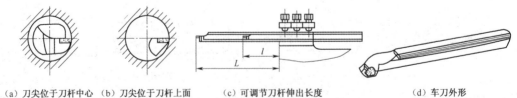

（a）刀尖位于刀杆中心　（b）刀尖位于刀杆上面　　（c）可调节刀杆伸出长度　　　　（d）车刀外形

图 3-66　可调节刀杆长度的内孔车刀

（2）尽可能缩短刀杆的伸出长度。刀杆伸出长度只需略大于孔深即可。

解决排屑问题，主要是控制切屑流出的方向。精车通孔时要求切屑流向待加工表面（前排屑），可以采用正值刃倾角的内孔车刀。车削盲孔时，应采用负值的刃倾角，使切屑从孔口排出。

3. 车内沟槽

1）内沟槽车刀（见图 3-67）

内沟槽车刀与切断刀的几何形状相似，只是装夹方向相反，内沟槽车刀是在内孔中车槽。

加工小孔中的内沟槽车刀做成整体式[见图 3-67（a）]。在大直径内孔中车内沟槽的车刀可做成装夹式，如图 3-67（b）所示，车槽刀刀体装夹在刀柄上使用。由于内沟槽两侧面通常与孔轴线垂直，因此要求内沟槽车刀的刀体与刀柄轴线垂直。

（a）整体式　　　　　　　　　　（b）装夹式

图 3-67　车内沟槽的方法

2）内沟槽的车削方法

车内沟槽与车外沟槽方法相似。宽度较小和要求不高的内沟槽，可用主切削刃宽度等于槽宽的内沟槽车刀采用直进法一次车出；要求较高或较宽的内沟槽，可采用直进法分几次车出，如图 3-68（a）所示。粗车时，槽壁和槽底留精车余量，然后根据槽宽、槽深进行精车，如图 3-68（b）所示；若内沟槽深度较浅，宽度很大，可用内圆粗车刀先车出凹槽，再用内沟槽车刀车沟槽两侧面，如图 3-68（c）所示。

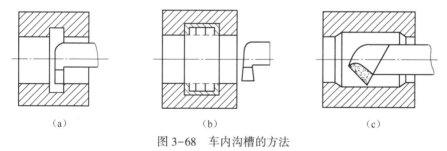

（a）　　　　　　　　　（b）　　　　　　　　　（c）

图 3-68　车内沟槽的方法

4. 车孔和车内沟槽时的注意事项

（1）车孔时，由于刀杆刚性差，容易引起振动，因此切削用量应比车外圆小些。

（2）要注意中滑板退刀方向与车外圆相反。

（3）车小孔要随时注意排屑，防止切屑堵塞。

（三）铰孔

铰孔是用铰刀对未淬硬孔进行精加工的一种加工方法。其精度可达 IT9～IT7，表面粗糙度可达 Ra 1.6 μm～Ra 0.4 μm。

1. 铰刀的几何形状

铰刀由工作部分、颈部和柄部组成，如图 3-69 所示。

（1）柄部：用来夹持和传递扭矩。

（2）工作部分：由引导部分（l_1）、切削部分（l_2）、修光部分（l_3）和倒锥部分（l_4）组成。

2. 铰刀的种类

铰刀按使用方法可分为机用铰刀和手用铰刀。机用铰刀的柄部有直柄和锥柄两种。其工作部分较短,主偏角较大,标准机用铰刀主偏角 $\kappa_r = 15°$。手用铰刀的柄部做成方榫形,以便套入扳手,可用手工旋转铰刀进行铰孔。手用铰刀的工作部分较长,主偏角较小,一般为 $40' \sim 4°$。铰刀的几何形状见图3-69。

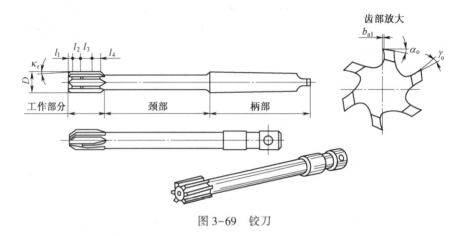

图 3-69　铰刀

3. 铰刀尺寸的选择

铰孔的精度主要取决于铰刀的尺寸。铰刀的基本尺寸与孔的基本尺寸相同,铰刀的公差一般取孔公差的1/3,铰刀的上、下极限偏差可按下式计算:

$$上极限偏差 = \frac{2}{3} \times 被加工孔的公差$$

$$下极限偏差 = \frac{1}{3} \times 被加工孔的公差$$

4. 铰刀的装夹

在车床上铰孔时,一般是将铰刀装在尾座的锥孔中,并调整尾座与主轴轴线的同轴度(一般小于0.02 mm),但对于一般精度的车床来说,这样高的调整要求极难达到,所以常采用浮动套筒(见图3-70)来解决这个问题,铰刀插入套筒1或7中,由于套筒与主体3、套与轴销2之间存在间隙,所以铰刀会产生浮动,铰削时,铰刀通过微量偏移自动调整其轴线与孔轴线重合,从而消除由于尾座轴线与主轴轴线同轴度误差对铰孔质量的影响。

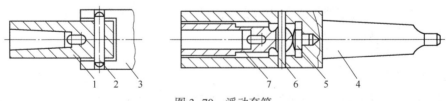

图 3-70　浮动套筒
1、7—套筒;2、6—轴销;3、4—主体;5—支承块

5. 铰孔的方法

铰刀在车床上铰削时,先把铰刀装夹在尾座套筒中或浮动套筒中(使用浮动套筒可以不找正),并把尾座移向工件,用手慢慢转动尾座手轮均匀进给实现铰削。

6. 切削液对铰孔质量的影响

铰孔时,切削液对孔的扩张量与孔的表面粗糙度有一定的影响。在干切削和使用非水溶性切削液铰削情况下,铰出的孔径比铰刀的实际直径略大一些,干切削最大。而用水溶性切削液铰削时,由于弹性复原,使铰出的孔比铰刀的实际直径略小些。

铰孔时,用水溶性切削液可使孔的表面粗糙度值减小,用非水溶性切削液的表面粗糙度次之,干切削最差。因此在铰孔时,必须充分加注切削液。铰削钢料时,可用乳化液;铰削铸铁时,可不加切削液或用煤油。

7. 铰孔时的注意事项

(1)合理选择铰削用量。铰削时,切削速度越低,表面粗糙度值越小,切削速度最好小于 5 m/min。进给量取大一些,一般取 0.2~1 mm/r。

(2)铰孔余量要合适。若用高速钢铰刀铰孔,余量一般为 0.08~0.12 mm,若用硬质合金铰刀铰孔,余量一般为 0.15~0.20 mm。

(3)铰刀。铰刀刃口要锋利和完好无损,用完后,应妥善保管。

(4)合理选择切削液。

(5)铰孔前对孔的要求。使用浮动套筒铰孔不能修正孔的直线度误差,所以铰孔前一般要经过车孔来修正孔的直线度误差,对于小孔,可以经过扩孔后再铰孔。铰孔前,孔的表面粗糙度要小于 Ra 3.2 μm。

三、操作示例(车轴套)

1. 零件图样(见图 3-71)

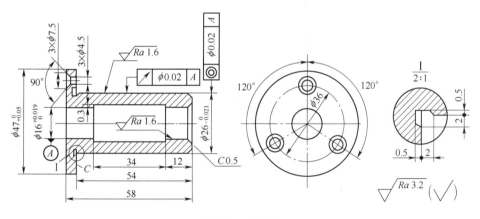

图 3-71　轴套

2. 装夹方法

粗车时采用一夹一顶装夹,主要是为了提高工件加工时的刚性。因外圆径向圆跳动与内孔的同轴度要求较高,精车时应采用小锥度心轴定位。

3. 刀具、量具的选择

刀具:45°车刀、90°车刀、切槽刀、φ14 mm 麻花钻、内孔车刀、φ16 mm 铰刀等。量具:游标卡尺、0~25 mm 千分尺、25~50 mm 千分尺、内径百分表等。

4. 车削顺序

(1)用三爪自定心卡盘夹持 φ50 mm 毛坯外圆,车 φ26 mm 处端面。

（2）钻中心孔 $\phi2$ mm。

（3）采用一夹一顶装夹，粗车 $\phi26$ mm，留 1.5 mm 精车余量，长度为 52 mm。

（4）调头夹持 $\phi26$ mm 外圆，粗车端面及 $\phi47$ mm 外圆，外圆留 1.5 mm 精车余量。

（5）钻 $\phi14$ mm 通孔。

（6）车 $\phi16$ mm 孔，留 0.15 mm 铰孔余量。

（7）精车端面及 $\phi47_{-0.05}^{0}$ mm 外圆至尺寸。

（8）车内沟槽 0.3 mm×34 mm 至尺寸，孔口倒角 $C0.5$ 成形。

（9）铰孔 $\phi16_{0}^{+0.019}$ mm 至尺寸。

（10）以 $\phi16_{0}^{+0.019}$ mm 内孔为基准用小锥度心轴定位，车外沟槽至尺寸，精车台阶面 C，保证长度 54 mm。

（11）精车 $\phi26_{-0.021}^{0}$ mm 至尺寸。

四、套类零件的测量方法

测量孔径尺寸时，应根据工件的尺寸、数量和精度要求，采用相应的量具。若精度要求较低，可采用钢直尺、游标卡尺测量，精度要求较高时，可采用以下几种方法测量。

（一）用塞规测量

在成批生产中，为了测量方便和提高效率，常用塞规测量孔径。塞规的通端尺寸等于孔的最小极限尺寸，止端尺寸等于孔的最大极限尺寸（见图 3-72）。检验时，若通端通过，而止端不能通过，说明尺寸合格。使用塞规时应注意以下几点：

（1）在工件处于常温时检验，以减小温度对检验结果的影响。

（2）不可硬塞强行通过，一般应靠塞规自身重力自由通过。

（3）检验时塞规轴线应与孔轴线一致，不可歪斜。

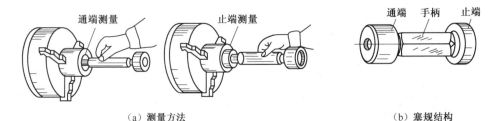

（a）测量方法　　　　　　　　　　　　　（b）塞规结构

图 3-72　塞规及其应用

（二）用内径千分尺测量

内径千分尺的结构如图 3-73（a）所示，它由测微头和各种尺寸的接长杆组成。其测量范围为 50~150 mm，分度值为 0.01 mm，读数方法和千分尺相同。测量时，内径千分尺应在孔内摆动，在径向方向应找出最大尺寸，轴向方向应找出最小尺寸，这两个重合尺寸就是孔的实际尺寸，如图 3-73（b）所示。

（三）用内测千分尺测量

内测千分尺是内径千分尺的一种特殊形式，使用方法见图 3-74 所示。内测千分尺的刻线方向与千分尺相反，当顺时针方向旋转微分筒时，活动爪向右移动，测最值增大。可用于测量 5~30 mm 的孔径。

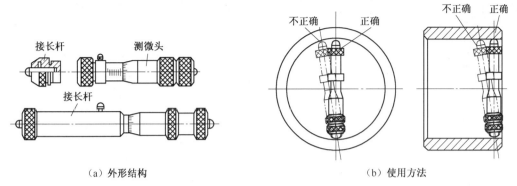

（a）外形结构 （b）使用方法

图 3-73 内径千分尺及其使用方法

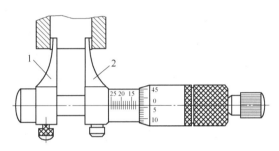

图 3-74 内测千分尺及其使用
1—固定爪；2—活动爪

（四）用内径百分表测量

内径百分表结构如图 3-75 所示，它是将百分表装夹在测架 1 上，触头 6（即活动测量头）通过摆动块 7、杆 3 将测量值 1∶1 传给百分表。测量头 5 可根据孔径的大小更换。测量前，应使百分表对准零位，测量时，为得到准确的尺寸，活动测量头应在径向摆动时找出最大值，轴向摆动时找出最小值，这两个重合尺寸就是孔的实际尺寸，如图 3-76 所示。内径百分表能测量孔的圆度和圆柱度误差，主要用于测量精度要求较高而且较深的孔。

【思考与练习】

1. 麻花钻由哪几部分组成？
2. 麻花钻的顶角通常为多少度？怎样根据刀刃形状判别顶角大小？
3. 如何刃磨麻花钻？刃磨时要注意哪些问题？
4. 为什么要对普通麻花钻进行修磨？一般修磨方法有哪几种？
5. 车孔的关键技术是什么？如何改善车孔刀的刚性？
6. 通孔车刀与盲孔车刀有什么区别？
7. 车盲孔时，用来控制孔深的方法有哪几种？
8. 怎样保证套类工件的内外圆的同轴度和端面与孔轴线的垂直度？
9. 常用的心轴有哪几种？各用在什么场合？
10. 利用内径百分表（千分表）检测内孔时，要注意什么问题？

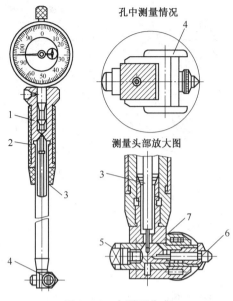

图 3-75　内测百分表
1—侧架；2—弹簧；3—杆；4—定心
5—测量头；6—触头；7—摆动块

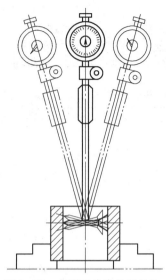

图 3-76　内测百分表的测量法

任务 3.5　圆锥面的车削

【相关知识与技能】

一、基本知识

（一）圆锥面的应用及特点

在车床和工具中，有许多使用圆锥面配合的场合，如车床主轴锥孔与顶尖的配合，车床尾座锥孔与麻花钻锥柄的配合等（见图 3-77）。常见的圆锥零件有圆锥齿轮、锥形主轴、带锥孔的齿轮、锥形手柄等（见图 3-78）。

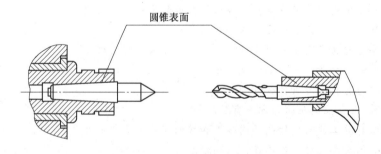

图 3-77　圆锥零件的配合实例

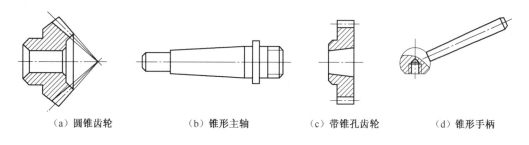

（a）圆锥齿轮
（b）锥形主轴
（c）带锥孔齿轮
（d）锥形手柄

图 3-78　常见圆锥面的零件

圆锥面配合的主要特点是：当圆锥角小（在3°以下）时，可以传递很大的转矩；同轴度较高，能做到无间隙配合。加工圆锥面时，除了尺寸精度、形位精度和表面粗糙度具有较高要求外，还有角度（或锥度）的精度要求。角度的精度用加、减角度的分或秒表示。对于精度要求较高的圆锥面，常用涂色法检验，其精度以接触面的大小来评定。

（二）圆锥的各部分名称及尺寸计算

1. 圆锥表面和圆锥

圆锥表面是由与轴线成一定角度且一端相交于轴线的一条直线段（母线），绕该轴线旋转一周所形成的表面（见图3-79）。由圆锥表面和一定轴向尺寸、径向尺寸所限定的几何体，称为圆锥。圆锥又可以分为外圆锥和内圆锥两种（见图3-80）。

1
2
3
$\frac{\alpha}{2}$
α

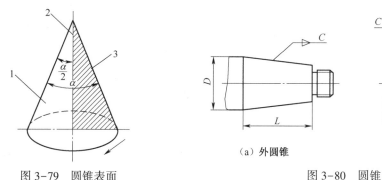

图 3-79　圆锥表面

1—圆锥表面；2—轴线；3—圆锥素线

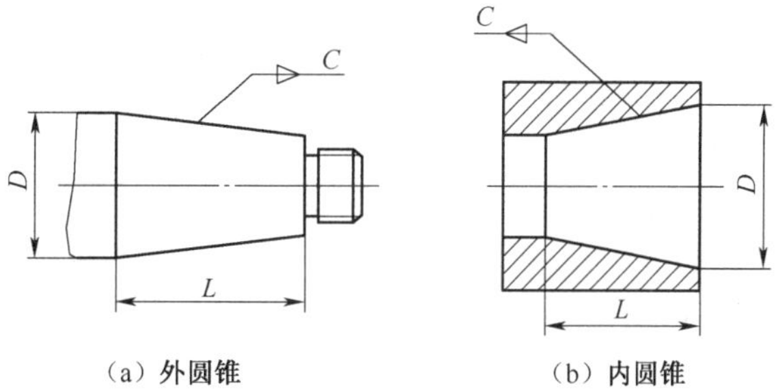

C
D
L
（a）外圆锥
C
D
L
（b）内圆锥

图 3-80　圆锥

2. 圆锥的基本参数（见图3-81）

（1）最大圆锥大端直径 D 简称大端直径。

（2）最小圆锥小端直径 d 简称小端直径。

（3）圆锥长度 L：最大大端直径与最小小端直径之间的轴向距离。

（4）圆锥角 α 及圆锥半角 $\alpha/2$。在通过圆锥轴线的截面内，两条素线之间的夹角称圆锥角。圆锥角的一半称圆锥半角，也就是圆锥母线与圆锥轴线之间的夹角。车削时，常用到圆锥半角 $\alpha/2$。

$\frac{D-d}{2}$
B
C
$\frac{\alpha}{2}$
A
C
α
D
d
L
L_0

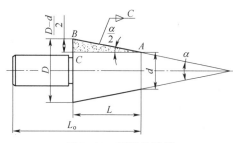

图 3-81　圆锥的计算

（5）锥度 C：大端直径与小端直径之差与圆锥长度之比称为锥度。

$$C = \frac{D - d}{L} \tag{3-1}$$

锥度 C 确定后,圆锥半角 $\alpha/2$ 则能计算出,所以锥度和圆锥半角 $\alpha/2$ 属于同一基本参数。

3. 圆锥各部分尺寸的计算

由式(3-1)可知,圆锥具有四个基本参数,只要已知其中三个参数,便可以计算出其他一个未知参数。

(1)圆锥四个基本参数之间的关系式:

$$\tan \frac{\alpha}{2} = \frac{D - d}{2L} \tag{3-2}$$

$$C = \frac{D - d}{L}$$

用式(3-2)计算圆锥半角 $\alpha/2$,需要查三角函数表,比较麻烦,所以当圆锥半角 $\frac{\alpha}{2} < 6°$ 时,用下面近似公式计算:

$$\frac{\alpha}{2} \approx 28.7° \times \frac{D - d}{L} \tag{3-3}$$

或

$$\frac{\alpha}{2} \approx 28.7° \times C \tag{3-4}$$

采用近似公式计算圆锥半角 $\alpha/2$ 时,应注意:

①圆锥半角应在 $6°$ 以内。

②计算结果是"度",度以后的小数部分是 10 进位的,而角度是 60 进位。应将含有小数部分的计算结果转化成度、分、秒。例如 $2.35°$ 并不等于 $2°35'$。因此,要用小数部分去乘 $60'$,即 $60' \times 0.35 = 21'$,所以 $2.35°$ 应为 $2°21'$。

(2)计算举例

【例3-1】 有一外圆锥,已知 $D = 22$ mm,$d = 18$ mm,$L = 64$ mm,试分别用查三角函数表法和近似法计算圆锥半角 $\alpha/2$。

解:①用查三角函数表法。由公式(3-2)可得:

$$\tan \frac{\alpha}{2} = \frac{D - d}{2L} = \frac{22 - 18}{2 \times 64} = 0.031\ 25$$

查三角函数表:

$$\frac{\alpha}{2} = 1°47'$$

②近似法计算。由公式(3-3)可得:

$$\frac{\alpha}{2} \approx 28.7° \times \frac{D - d}{L} = 28.7° \times \frac{22 - 18}{64} = 1.79° = 1°47'$$

【例3-2】 加工图 3-82 所示的零件,试计算小端直径 (d)和圆锥半角($\alpha/2$,用近似法计算)。

解:已知 $D = 45$ mm,$L = 50$ mm,$C = 1/5$。

根据公式(3-1)可得:

$$d = D - CL = 45 - 1/5 \times 50 = 35\ (\text{mm})$$

根据公式(3-3)可得:

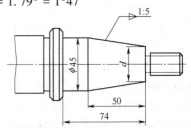

图 3-82 标准锥度的工件

$$\frac{\alpha}{2} \approx 28.7° \times \frac{D - d}{L} = 28.7° \times \frac{45 - 35}{50} = 5.74° = 5°44'24''$$

（三）标准工具的圆锥

为了制造和使用方便,降低生产成本,常用的工具、刀具上的圆锥都已标准化。即圆锥的各部分尺寸,都符合几个号码的规定,使用时,只要号码相同,则能互换。标准工具的圆锥已在国际上通用,不论哪个国家或地区生产的机床或工具,只要符合标准圆锥都能达到互换要求。常用的标准工具的圆锥有下面两种:

1. 莫氏圆锥

莫氏圆锥在机器制造业中应用广泛,如车床主轴锥孔、顶尖柄、钻头柄、铰刀柄等都使用莫氏圆锥。莫氏圆锥分为7个号码,即0、1、2、3、4、5、6,最小的是0号,最大的是6号。莫氏圆锥是从英制换算过来的,当号数不同时,圆锥角和尺寸都不同。莫氏圆锥的各部分尺寸可以从有关手册中查出。

2. 米制圆锥

米制圆锥有7个号码,即4、6、80、100、120、160和200号。它的号码是指大端直径,锥度固定不变,即 $c = 1:20$。例如:100号米制圆锥,它的大端直径是100 mm,锥度 $C = 1:20$。米制圆锥的优点是锥度不变,记忆方便。米制圆锥的各部分尺寸可以从有关手册中查出

二、车削圆锥面的方法

因圆锥既有尺寸精度,又有角度要求,因此,在车削中要同时保证尺寸精度和圆锥角度。一般先保证圆锥角度,然后精车控制其尺寸精度。车外圆锥面主要有:转动小滑板法、偏移尾座法、仿形法和宽刀刃车削法四种。

（一）转动小滑板法

转动小滑板法,是把刀架小滑板按工件的圆锥半角 $\alpha/2$ 转过一个相应角度,使车刀的运动轨迹与所要车削的圆锥素线平行。转动小滑板法操作简便,调整范围广,主要适用于单件、小批量生产,特别适用于工件长度较短、圆锥角较大的圆锥面。图3-83所示是用转动小滑板车削外圆锥的方法。

采用转动小滑板法切削时应当注意:

(1)车刀刀尖必须严格对准工件的旋转中心,否则车出的圆锥素线将不是直线,而是双曲线。

(2)小滑板转动的角度一定要等于工件的圆锥半角 $\alpha/2$,如图样上标注的不是圆锥半角时,应将其换算成圆锥半角。

(3)转动小滑板时一定要注意转动方向正确。车正外圆锥面(工件大端靠近主轴,小端靠近尾座方向)时,小滑板应逆时针方向转动一个圆锥半角 $\alpha/2$,反之则应顺时针方向转动一个圆锥半角 $\alpha/2$。

【例3-3】 车削图3-84所示的圆锥齿轮,求小滑板转动的方向及转动的角度。

解:车削圆锥面1时,小滑板运动方向应与 OB 平行,OB 与工件轴线的夹角为 $\frac{60°}{2} = 30°$,即小滑板应逆时针转过30°。

车削圆锥面2时,小滑板运动方向应与 BC 平行,BC 与工件轴线的夹角为 $90° - 30° = 60°$,即小滑板应顺时针转过60°。

车削圆锥面 3 时,小滑板运动方向应与 AD 平行,AD 与工件轴线的夹角为 $\frac{120°}{2}=60°$,即小滑板应顺时针转过 $60°$。

采用转动小滑板法车削圆锥的优点是:调整范围大,可车削各种角度的圆锥;能车削内、外圆锥;在同一零件上车削多个圆锥面时调整较方便。缺点是:因受行程限制,只能加工长度较短的圆锥,车削时只能手动进给,劳动强度大,表面粗糙度难以控制。

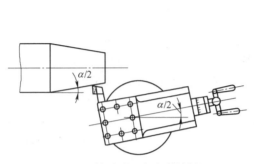

图 3-83　转动小滑板车削外圆锥

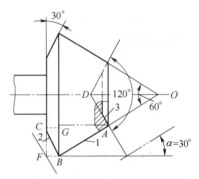

图 3-84　车圆锥齿轮坯

(二)偏移尾座法

车削长度较长、锥度较小的外圆锥工件时,若精度要求不高,可用偏移尾座法。车削时将工件装在两顶尖之间,把尾座横向偏移一段距离 S,使工件的旋转轴线与车刀纵向进给方向相交成一个圆锥半角 $\alpha/2$。偏移尾座法车削圆锥的方法如图 3-85 所示。

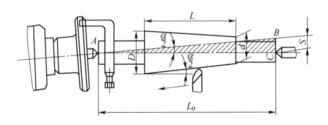

图 3-85　偏移尾座法车削圆锥

用偏移尾座法车削圆锥时,必须注意尾座的偏移量不仅和圆锥长度有关,而且还和两顶尖之间的距离有关,这段距离一般可近似看作工件全长 L。尾座偏移量可用下面近似公式计算:

$$S \approx L_0 \tan\frac{\alpha}{2} = \frac{D-d}{2L}L_0$$

或

$$S \approx \frac{C}{2}L_0$$

式中　S——尾座偏移量,mm;

D——大端直径,mm;

d——小端直径,mm;

L——圆锥长度,mm;

L_0——工件全长,mm;

C——锥度。

【例 3-4】　有一外圆锥，$D = 80$ mm，$d = 75$ mm，$L = 100$ mm，$L = 120$ mm，求尾座偏移量 S。

解: 根据式(3-5)可得:

$$S \approx \frac{D-d}{2L}L_0 = \frac{80-75}{2 \times 100} \times 120 = 3 \text{（mm）}$$

采用偏移尾座法车削圆锥的优点是:可利用机动进给车削,车出的工件表面粗糙度值较小;能车削较长的外圆锥。缺点是:受尾座偏移量的限制,不能车锥度较大的圆锥,也不能车内圆锥;车削时中心孔接触不良或每批工件两中心孔间的距离不一致,会影响工件的加工质量。

(三)仿形法

仿形法(靠模法)是刀具按仿形装置进给对工件进行车削加工的一种方法。这种方法适用于车削长度较长、精度要求较高和生产批量较大的内、外圆锥。仿形法车削圆锥的原理如图 3-86 所示。

在车床的床身后面装一固定靠模板 1,靠模板上有斜槽,斜槽角度可按所车削的圆锥半角 $\alpha/2$ 调整。斜槽中的滑块 2 通过中滑板与刀架 3 刚性连接(中滑板丝杠在车削时已抽去)。

当床鞍纵向进给时,滑块 2 沿靠模板斜槽滑动,并带动车刀沿平行于斜槽的方向移动,其运动轨迹 BC 与斜槽方向 AD 平行。因此,可车削出圆锥。

采用仿形法车削圆锥的优点是:调整锥度既方便又准确,工件中心孔与顶尖接触良好,锥面加工质量高,可利用车床机动进给车削内、外圆锥。缺点是:只有在带有靠模板的车床上才能使用,斜槽角度调整范围小,只能车削圆锥半角小于 $12°$ 的圆锥。

(四)宽刃刀车削法

宽刃刀车削法实质上属于成形法(见图 3-87)。宽刃刀属于成形车刀(与工件表面形状相同的车刀),其刀刃必须平直,装刀后应保证刀刃与车床主轴轴线的夹角等于工件的圆锥半角。使用这种车削方法时,要求车床有良好的刚性,否则容易引起振动。宽刃刀车削法只适用于车削较短的外圆锥。

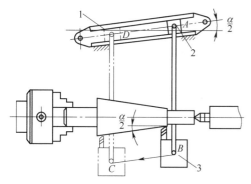

图 3-86　仿形法车圆锥的基本原理
1—靠模板;2—滑块;3—刀架

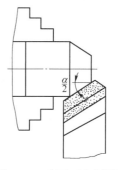

图 3-87　宽刃刀车削圆锥

三、操作示例

(一)车外圆锥

1. 工件图样(见图 3-88)

2. 装夹方法

用三爪自定心卡盘装夹。

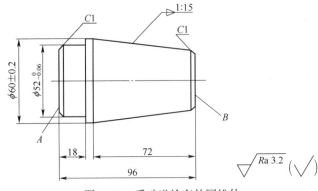

图 3-88　手动进给车外圆锥体

3. 刀具、量具的选择

刀具:45°车刀、90°车刀等。

量具:游标卡尺、千分尺、万能角度尺等。

4. 车削顺序

(1)用三爪自定心卡盘夹持外圆,伸出长度大于 20 mm,找正夹紧。

(2)车端面 A 及粗、精车外圆 $\phi52_{-0.06}^{0}$ mm 及长度 18 mm 至尺寸,倒角 C1 成形。

(3)夹住 $\phi52_{-0.06}^{0}$ mm 外圆,车端面 B,截总长 96 mm 至尺寸,粗、精车外圆 $\phi60\pm0.2$ mm 至尺寸。

(4)小滑板逆时针方向转动一个圆锥半角,粗、精车外圆锥面至尺寸。

(5)倒角 C1 成形。

(二)车定位套

1. 工件图样(见图 3-89)

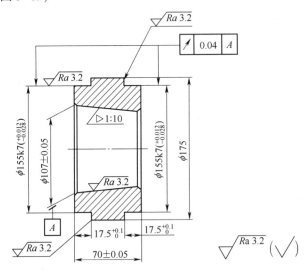

图 3-89　转动小滑板法车定位套

2. 装夹方法

用三爪自定心卡盘装夹。

3. 刀具、量具的选择

刀具:45°车刀、90°车刀、内孔车刀、麻花钻等。

量具:游标卡尺、千分尺、锥形量规、圆锥心轴等。

4. 车削顺序

(1)用三爪自定心卡盘夹持毛坯外圆,车端面,外圆 $\phi175$ mm 至尺寸。

(2)粗车外圆 $\phi155_{-0.028}^{+0.012}$ mm 到 $\phi157$ mm,长度 17 mm。

(3)调头夹外圆 $\phi157$ mm,车端面截总长 70 ± 0.05 mm 至尺寸;车外圆 $\phi175_{-0.028}^{+0.012}$ mm 到 $\phi157$ mm,长度 17 mm。

(4)钻通孔后粗车孔至尺寸 $\phi98$ mm。

(5)转动小滑板粗、精车 1:10 圆锥孔至图样要求,用圆锥塞尺涂色检查接触面 ≥60%。

(6)用圆锥心轴定位装夹,精车一端外圆 $\phi155_{-0.028}^{+0.012}$ mm,长度 $17.5_{0}^{+0.1}$ mm 至尺寸。

(7)精车另一端外圆 $\phi155_{-0.028}^{+0.012}$ mm,长度 $17.5_{0}^{+0.1}$ mm 至尺寸。

四、圆锥面的检验

圆锥面的检测主要是指圆锥角度和尺寸精度检测。常用角度样板、万能角度尺检测圆锥角度和用正弦规或涂色法来评定圆锥精度。

(一)用角度样板检测

角度样板属于专用量具,常用在成批大量生产时,可减少辅助时间。样板的形状及角度由被测工件的形状和角度决定。图 3-90 所示为测量圆锥齿轮坯角度的方法,通过透光法判定工件角度是否合格。

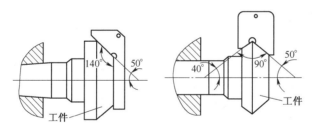

图 3-90 用样板测量圆锥齿轮坯的角度

(二)用万能角度尺检测

用万能角度尺可以测量 0°~320°范围内的任何角度。

1. 万能角度尺的结构及刻线原理

1)结构

万能角度尺的结构如图 3-91 所示。

2)刻线原理

下面介绍 2′精度万能角度尺的刻线原理,如图 3-92 所示。主尺每格为 1°,游标尺总度数为 29°,并等分成 30 格,因此,游标尺每格的刻度值为:$\dfrac{29°}{30}=\dfrac{60\times29}{30}=58′$;主尺 1 格和游标尺 1 格之差为:$60′-58′=2′$,即这种万能角度尺的测量精度为 2′。

2. 万能角度尺测量工件的方法

用万能角度尺测量角度时,应根据工件角度的大小,选择不同的测量方法,如图 3-93 所示。

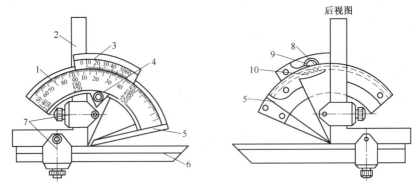

图 3-91　万能角度尺

1—主尺；2—角尺；3—游标；4—制动螺钉；5—基尺；

6—直尺；7—卡块；8—捏手；9—小齿轮；10—扇形齿轮

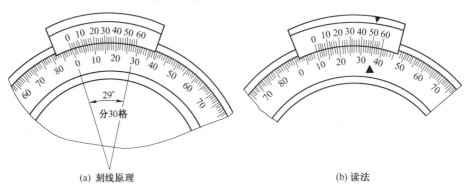

(a) 刻线原理　　　　　　　　　　　　　(b) 读法

图 3-92　2′万能角度尺的刻线原理及读法

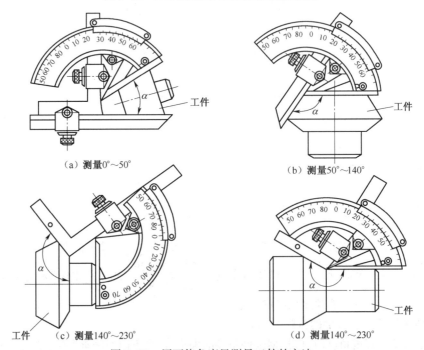

（a）测量0°～50°　　　　　　　　　　（b）测量50°～140°

（c）测量140°～230°　　　　　　　　（d）测量140°～230°

图 3-93　用万能角度尺测量工件的方法

测量 0°～50°的工件,可选择图 3-93(a)所示的方法;测量 50°～140°的工件,可选择图 3-93(b)所示的方法;测量 140°～230°的工件,可选择图 3-93(c)、(d)所示的方法;若将图 3-91 中的角尺 2 和直尺 6 都卸下,由基尺 5 和扇形板(主尺 1)的测量面形成的角度,还可测量 230°～320°的工件。

(三)用涂色法检验圆锥面

1. 检验内圆锥

用锥度塞规检验内圆锥时,要求工件和塞规表面清洁,工件内圆锥表面粗糙度 Ra 小于 3.2 μm 且无毛刺。检验时,首先在锥度塞规表面顺着圆锥素线用显示剂薄而均匀地涂上三条线(线与线相隔 120°),然后将锥度塞规轻轻地塞入工件的孔中转动,稍加轴向推力,将锥度塞规转动 1/4 圈后取出,观察显示剂擦去的情况,若三条显示剂全长擦痕均匀,说明圆锥接触良好,工件锥度正确;若小端擦去,大端未擦去,说明圆锥角大了;若大端擦去,小端未擦去,说明圆锥角小了。

2. 检验外圆锥

检验方法与检验圆锥孔的方法相同,只是显示剂应涂在工件的锥面上,如图 3-94 所示。

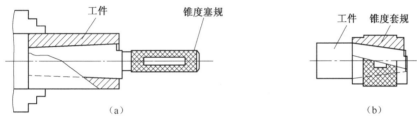

图 3-94　用锥度量规测量圆锥

3. 锥度量规

对于标准圆锥或配合精度要求较高的圆锥工件,一般可以使用锥度量规来检验。锥度量规分锥度塞规和锥度套规两种,如图 3-95 所示。锥度塞规用于检验内圆锥,锥度套规用于检验外圆锥。

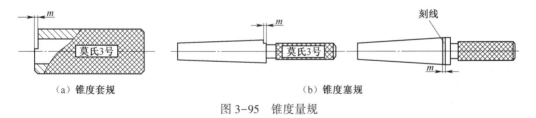

图 3-95　锥度量规

【思考与练习】

1. 什么叫锥度? 写出其计算公式。

2. 根据已知条件,用查三角函数表的方法计算出下列圆锥半角 $\alpha/2$。

(1) $D=24$ mm, $d=20$ mm, $L=46$ mm。

(2) $C=1:5$。

3. 根据已知条件,用近似公式计算出下列圆锥半角 $\alpha/2$。

(1) $D=25$ mm, $d=24$ mm, $L=20$ mm。

（2）$C = 1 : 20$。

4. 车外圆锥面一般有哪几种方法？各适用于何种情况？

5. 用转动小滑板法车圆锥有什么优缺点？

6. 用偏移尾座法车圆锥有什么优缺点？偏移尾座主要有哪几种测量方法？

7. 怎样检测圆锥锥度的正确性？

8. 车锥度 $C = 1 : 20$ 的圆锥体，用圆锥套规测量时，工件小端离开套规缺口的中心为 8 mm，需切削深度多少才能使直径尺寸合格？

任务 3.6　成形面的车削和表面修饰

【相关知识与技能】

一、成形面的基本知识

有些零件的轴向剖面呈曲线形，如摇手柄、单球手柄和三球手柄等。具有这些特征的表面称为成形面（又称特形面），如图 3-96 所示。

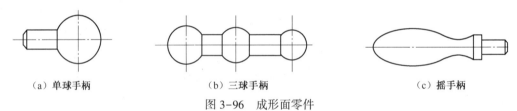

（a）单球手柄　　　　　　（b）三球手柄　　　　　　（c）摇手柄

图 3-96　成形面零件

二、成形面的车削方法

在车床上加工成形面时，应根据零件的表面特征、精度要求和批量大小采取不同的加工方法。

（一）双手控制法

双手控制法车成形面是成形面车削的基本方法。

1. 基本原理

用双手分别控制中、小滑板（或控制中滑板和床鞍）使刀具做合成运动，让车刀的运动轨迹与零件表面素线重合，即可车出成形面。

2. 计算球状部分长度 L

L 可依下列公式计算：

在直角三角形 AOB 中（图 3-97）

$$L = \frac{D}{2} + AO = \frac{D}{2} + \frac{1}{2}\sqrt{D^2 - d^2} = \frac{1}{2}(D + \sqrt{D^2 - d^2})$$

式中　L——球体部分长度，mm；

　　　D——圆球直径，mm；

　　　d——柄部直径，mm。

3. 双手控制法车成形面注意事项

双手控制法车成形面时，要求操作者具备较扎实的基本功和熟练的操作技巧。该方法的技术难度较大,常适用于加工单件或数量较少、精度不高的成形面工件。

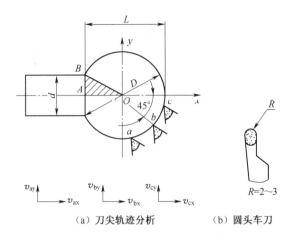

（a）刀尖轨迹分析　　　（b）圆头车刀

图 3-97　车刀刀尖轨迹分析

在车削中应注意以下几个问题:

（1）此方法的操作关键是双手配合要协调、熟练。要求准确控制车刀切入深度,防止将工件局部车小。车削时需经多次合成进给运动,才能使车刀刀尖逐渐逼近图样所要求的曲面。

（2）装夹工件时,伸出长度应尽量短,以增强其刚性。若工件较长,可采用一夹一顶的方法装夹。

（3）车削曲面时,车刀最好从曲面高处向低处送进。为了增加工件刚性,先车离卡盘远的一段曲面,后车离卡盘近的曲面。

（4）用双手控制法车削复杂成形面时,应将整个形面分解成几个简单的形面逐一加工。同时应注意:

①无论分解成多少个简单的形面,其测量基准都应保持一致,并与整体形面的基准重合。

②对于既有直线又有圆弧的形面曲线,应先车直线部分,后车圆弧部分。

（5）锉削修整时,用力不能过猛,不准用无柄锉刀且应注意操作安全。

（二）成形刀车削法

用成形刀具加工成形面的方法称为成形法。车削较大的内、外圆弧槽,或数量较多、轴向尺寸较短的成形面工件时,常采用成形法车削。切削刃的形状与工件成形表面轮廓形状相同的车刀称为成形刀。

1. 整体式普通成形刀

这种成形刀与普通车刀相似,只是切削刃要磨成和加工表面相同的曲线状,如图 3-98 所示。

2. 棱形成形刀

棱形成形刀由刀头和刀杆两部分组成,如图 3-99 所示,刀头的切削刃按工件的形状在工具磨床上磨出,后部的燕尾块装夹在弹性刀杆的燕尾槽中,并用螺钉紧固。

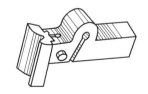

图 3-98　整体式普通成形刀

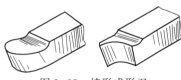

图 3-99　棱形成形刀

3. 圆形成形刀

圆形成形刀如图 3-100 所示,其刀头做成圆轮形,在圆满轮上开有缺口,以形成前刀面和主切削刃,如图 3-100(a) 所示,使用时,为减少振动,通常将刀头装到弹性刀杆上,如图 3-100(b) 所示。为防止刀头转动,刀头和刀杆由端面齿啮合,如图 3-100(c) 所示。

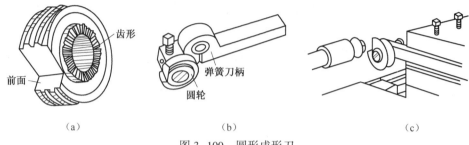

（a） （b） （c）

图 3-100　圆形成形刀

(三)仿形法

利用仿形装置控制车刀的进给运动来车削成形面的方法称为仿形法。

采用仿形法车成形面是一种加工质量好、劳动强度小、生产效率高的比较先进的车削方法。特别适用于质量要求较高,批量较大的生产。

1. 靠板靠模法车成形面

这种方法实际上与采用靠板靠模车圆锥的方法相似,只要把锥度靠模换成带有曲线的靠模,把滑块换成滚柱即可,如图 3-101 所示。

2. 尾座靠模法车成形面

这种方法是把靠模装在尾座套筒的锥孔内,而不是装在床身上,其车削原理与靠板靠模车成形面完全相同,如图 3-102 所示。

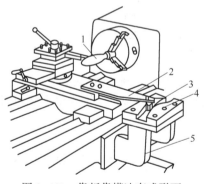

图 3-101　靠板靠模法车成形面
1—工件;2—车刀;3—滚柱;4—靠模;5—支架

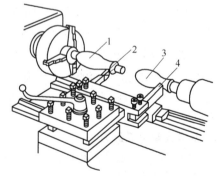

图 3-102　尾座靠模法车成形面
1—工件;2—拉杆;3—滚柱;4—靠模板

(四)用专用工具车削成形面

用专用工具车削成形面的方法很多,这里只介绍车内、外圆弧面的专用工具。

用专用工具车削内、外圆弧面的原理是:车刀的运动轨迹是一个圆弧,如图 3-103 所示,其圆弧半径和成形面的圆弧半径相等。

1. 手动车内、外圆弧面的专用工具

如图 3-104 所示,把车床的小滑板卸下,换上手动车圆弧刀具,刀架 4 可绕转轴 1 转动,刀架

还可以沿燕尾导轨前后移动以调整刀尖到圆弧中心之间的距离,当车削外圆弧时,调整刀尖到旋转中心的距离等于圆弧半径,匀速缓慢地左右摆动手柄6,即可车出需要的外圆弧面。车内圆弧时,应把刀尖调整到超过旋转中心的位置,超过旋转中心的距离应等于内圆弧的半径,车削方法与车外圆弧相同。

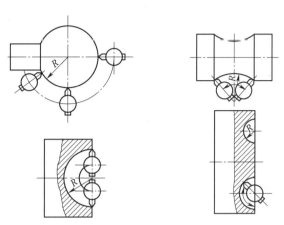

图 3-103　内外圆弧车削原理

2. 蜗轮蜗杆车圆弧专用工具

利用蜗轮蜗杆传动可实现车刀的回转运动。如图 3-105 所示,刀架 1 装在刀盘 2 上,圆盘下面是蜗轮蜗杆传动机构,当转动手柄 3 时,蜗杆就带动蜗轮使车刀绕中心转动,即可车削外圆弧。车内圆弧时,应把刀尖调整到超过旋转中心的位置,超过旋转中心的距离应等于内圆弧的半径。

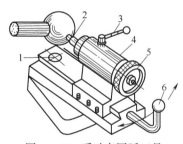

图 3-104　手动车圆弧工具
1—转轴;2—车刀;3,6—手柄;4—刀架;5—手轮

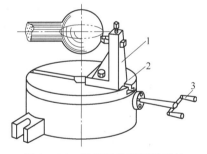

图 3-105　蜗杆涡轮车圆弧工具
1—刀架;2—刀盘;3—手柄

三、滚花和抛光

(一)滚花

为增加有些工具和机器零件的捏手部分的摩擦力或使零件表面美观,在零件表面滚出不同的花纹,称为滚花。滚花的花纹有直纹和网纹两种,并有粗细之分,花纹的粗细用节距(P)表示。

1. 滚花刀

滚花刀有单轮、双轮和六轮三种,如图 3-106 所示。

单轮滚花刀用于滚直纹,双轮和六轮滚花刀用于滚网纹。六轮滚花刀由三对滚轮组成,可以滚出粗细不同的三种网纹。

2. 滚花方法

滚花是用滚花刀来挤压工件使其表面产生塑性变形而形成花纹,所以在滚花前,应根据工件材料的性质及滚花节距的大小,把滚花部分的直径车小$(0.2\sim0.5)P$(P为花纹的节距)。滚花刀装夹在刀架上,应使滚花刀的轴线与工件的旋转中心等高,滚花时产生的径向压力很大,可先把滚花刀宽度的 1/2 或 1/3 处跟工件表面相接触,或把滚花刀装得略向右偏一些,使滚花刀和工件表面有一个很小的夹角,这样比较容易切入,不易产生乱纹,如图 3-107 所示。在滚花刀接触工件时,必须用较大压力进刀,把工件挤出较深的花纹,这样来回滚压 1~3 次,直至花纹清晰为止。

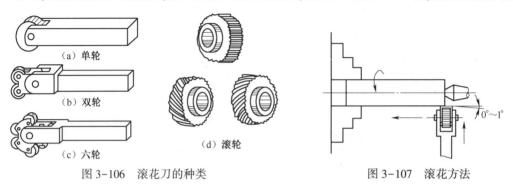

图 3-106　滚花刀的种类　　　　　　　　　图 3-107　滚花方法

(二)抛光

经过精车以后的工件表面,如果还不够光洁,特别是当用双手控制法车削成形面时,往往由于手动进刀不均匀,在工件表面上会留下刀痕,为了达到图样规定的要求,可用锉刀、砂布进行修整和抛光。

1. 用锉刀修光

常用的锉刀有扁平锉、半圆锉和圆锉等。对于明显的刀痕,应先用锉刀修光。操作时,用左手握住锉刀柄,右手握住锉刀前端,切削速度一般为 15~20 mm/min,锉刀向前时施加压力,返回时不加压力,精细修光时,要选用特细锉。

2. 用砂布抛光

车床上常用的砂布一般是用刚玉砂粒制成的。砂布的砂粒有粗细之分,常用的砂布用 00 号、0 号、1 号、$1\frac{1}{2}$ 号和 2 号。号数越小,颗粒越细。

若用锉刀修光后仍达不到要求,可用砂布抛光。抛光时,可选细粒度的 0 号或 1 号砂布,操作方式有以下几种:

(1)将砂布垫在锉刀下面,采用锉刀修光的方式进行抛光。

(2)用手捏住砂布两端抛光,如图 3-108(a)所示。

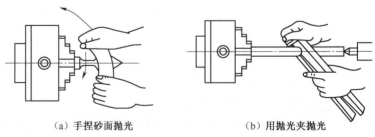

(a)手捏砂面抛光　　　　　　　(b)用抛光夹抛光

图 3-108　用砂布抛光工件

(3)用抛光夹抛光,如图 3-108(b)所示,将砂布夹在抛光夹内,然后套在工件上,双手纵向移动砂布夹来抛光。此方法仅适用形状简单的工件。抛光内孔时,可用抛光木棒,如图 3-109(a)所示,将砂布缠绕在木棒上,伸进孔内,径向施加压力并纵向均匀移动,以抛光内表面,如图 3-109(b)所示。

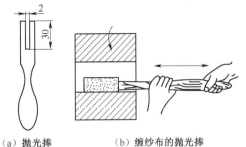

（a）抛光棒　　　（b）缠纱布的抛光棒

图 3-109　用抛光棒抛光内孔

(三)滚花与抛光时注意事项

(1)滚花时应选择较低的切削速度,要经常加润滑油和清除切屑。

(2)滚花刚开始时,必须用较大的压力进刀,否则易乱纹。

(3)滚花过程中,不能用手和棉纱去接触花纹表面,以防危险。

(4)用砂布抛光时转速应高一些,若在砂布上加一些机油则会提高抛光效果。

四、操作示例

(一)车单球手柄

1. 工件图样(见图 3-110)

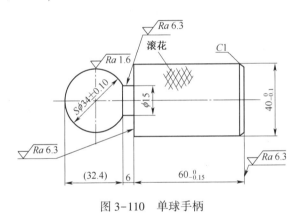

图 3-110　单球手柄

2. 装夹方法

用三爪自定心卡盘装夹。

3. 刀具、量具的选择

刀具:45°车刀、90°车刀、切断刀、麻花钻、R2 mm 圆头刀、网纹滚花刀等。

量具:游标卡尺、样板等。

4. 车削顺序

(1)用三爪自定心卡盘夹住毛坯外圆,车端面,粗车出 Sϕ34 mm 的外圆留 2 mm 余量,长度为 38 mm。

(2)调头夹住 ϕ34 mm 外圆,车端面,车 ϕ40 mm 至尺寸。

(3)滚花。

(4)调头垫铜皮夹住滚花处,找正夹牢,车端面截总长至尺寸。

(5)车 ϕ34 mm 至尺寸(留 0.15~0.20 mm 余量)。

(6)用 R2 mm 圆头刀,采用双手控制法车圆球成形,并用切断刀清理 ϕ15 mm 与球连接处。

(二)车削手柄

1. 工件图样(见图 3-111)

2. 装夹方法

用三爪自定心卡盘和一夹一顶装夹。

3. 刀具、量具的选择

刀具:中心钻、45°车刀、90°车刀、R2 mm 圆头刀、锉刀、砂布、网纹滚花刀等。

量具:游标卡尺、千分尺、样板等。

4. 车削顺序

(1)用三爪自定心卡盘装夹,车端面,钻中心孔。

(2)用一夹一顶方法装夹,工件伸出长度 110 mm 左右,粗车 ϕ24 mm 外圆,长 100 mm; ϕ16 mm 外圆,长 45 mm;ϕ10 mm 外圆,长 20 mm,各留 0.15~0.20 mm 余量,如图 3-111(a)所示。

(3)以 ϕ16 mm 的端面为基准,量长度 17.5 mm 处为中心线,用 R2 mm 圆头刀车出 ϕ12.5 mm 的定位槽,留 0.5 mm 余量,如图 3-111(b)所示

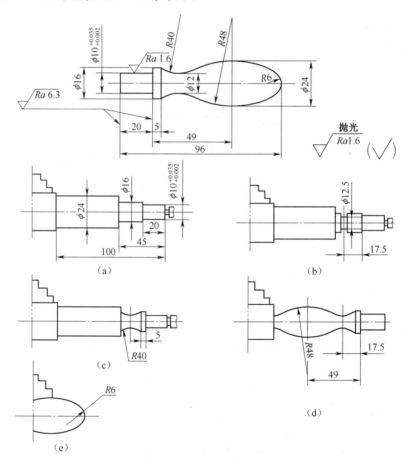

图 3-111 车削手柄的方法

(4)以 ϕ16 mm 的端面为基准,量长度大于 5 mm 处,开始车削,向 ϕ12.5 mm 定位槽处移动车 R40 mm 圆弧面,如图 3-111(c)所示。

(5)以 ϕ16 mm 的端面为基准,量长度 49 mm 处为中心线,624 mm 外圆上向左、向右车

*R*48 mm圆弧面,如图 3-111(d)所示。

(6)精车 ϕ16 mm、ϕ10 mm 及长度至尺寸。

(7)用锉刀修整并用砂布抛光,用样板检验。

(8)车削 *R*6 mm,并切下工件。

(9)调头垫铜皮夹住 10 mm 处,找正夹牢,用锉刀修整并用砂布抛光 *R*6 mm,如图 3-111(e)所示。

五、成形面的检验

成形面通常用圆弧规(R 规)、样板或套环检验,用样板检验时,样板应对准工件中心,通过样板和工件之间的间隙来修整球面,如图 3-112(a)所示。用套环检验时,可通过间隙的透光情况进行修整,如图 3-112(b)所示。还可用千分尺检验[见图 3-112(c)],用千分尺检验时,必须使千分尺的砧座和测微螺杆连线通过球的中心,否则测量不准。测量时,还要多次变换测量方向,若测量尺寸在精度允许范围内,说明工件合格。

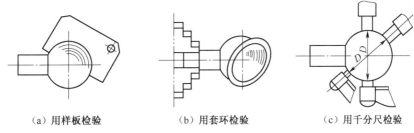

(a)用样板检验　　　　(b)用套环检验　　　　(c)用千分尺检验

图 3-112　测量球面的方法

【思考与练习】

1. 车成形面一般有哪几种方法?各种方法都适用于什么场合?

2. 如何用双手控制法车成形面?

3. 如何检测成形面的加工质量?

4. 用成形法车成形面时,为了减少成形刀具的磨损和振动,应采取哪些措施?

5. 滚花时,产生乱纹的原因是什么?如何预防?

6. 用锉刀、砂布抛光工件时,安全操作应注意哪些问题?

7. 车削图 3-113 所示的单球手柄,试计算其圆球部分长度尺寸 *L*。

8. 车削图 3-114 所示的球形凹面,试计算其深度 *H*。提示:设图中 ϕ40=*d*,则:

$$H = \sqrt{R^2 - \left(\frac{d}{2}\right)^2}$$

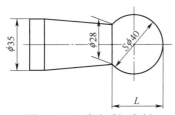

图 3-113　单球手柄车削

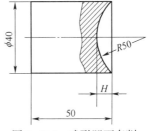

图 3-114　球形凹面车削

任务3.7 普通三角螺纹的车削

【相关知识与技能】

一、螺纹的知识

(一)螺纹的种类

在各种机械产品中,带有螺纹的零件应用广泛。车削螺纹是常用的方法,也是车工的基本技能之一。

螺纹的种类很多,按形成螺旋线的形状可分为圆柱螺纹和圆锥螺纹;按用途不同可分为连接螺纹和传动螺纹;按牙型特征可分为三角形螺纹、矩形螺纹、梯形螺纹和锯齿形螺纹;按螺旋线的旋向可分为右旋螺纹和左旋螺纹;按螺旋线的线数可分为单线螺纹和多线螺纹。

(二)三角形螺纹概述

1. 螺旋线与螺纹

1)螺旋线

螺旋线是沿着圆柱或圆锥表面运动的点的轨迹,该点的轴向位移和相应的角位移成正比(见图3-115)。这里,主要研究的是图3-115(a)所示的螺旋线。它可以看作底边等于圆柱周长(为πd)的直角三角形ABC绕圆柱面旋转一周斜边AC在该表面上所形成的曲线(见图3-116)。

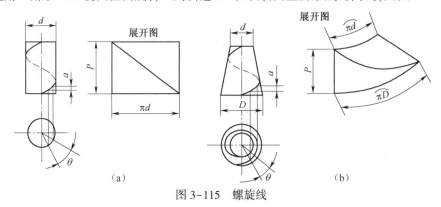

图3-115 螺旋线

2)螺纹

在圆柱或圆锥表面上,沿着螺旋线所形成的具有规定牙型的连续凸起(见图3-117),在圆柱表面上所形成的螺纹称圆柱螺纹[见图3-117(a)]。

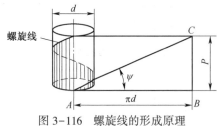

图3-116 螺旋线的形成原理

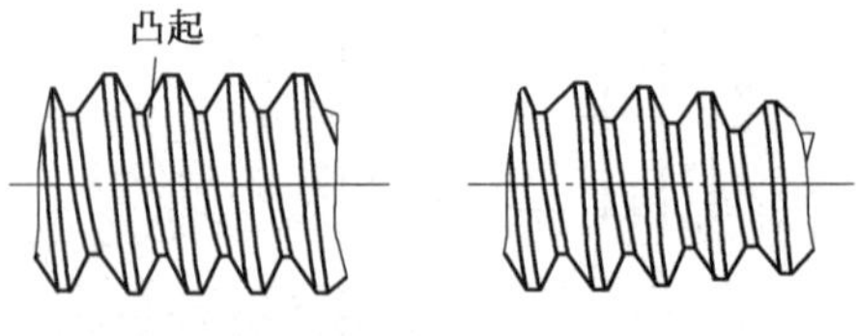

图3-117 螺纹

(a)圆柱螺纹   (b)圆锥螺纹

在圆锥表面上所形成的螺纹称圆锥螺纹[见图 3-117(b)]。

在圆柱或圆锥外表面上所形成的螺纹称外螺纹[见图 3-119(b)]。

在内圆柱或内圆锥表面上所形成的螺纹称内螺纹[见图 3-119(a)]。

沿一条螺旋线所形成的螺纹称单线螺纹[见图 3-118(a)]。

沿两条或两条以上的螺旋线所形成的螺纹,该螺旋线在轴向等距分布,称多线螺纹[见图 3-118(b)、(c)]。

顺时针旋转时旋入的螺纹称右旋螺纹[见图 3-118(a)、(c)]。

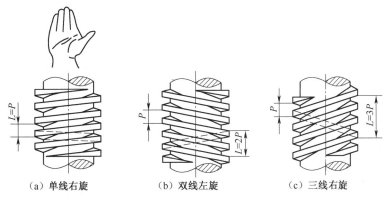

（a）单线右旋　　　　（b）双线左旋　　　　（c）三线右旋

图 3-118　螺纹的旋向和线数

逆时针旋转时旋入的螺纹称左旋螺纹[见图 3-118(b)]。

2. 三角形螺纹的种类和用途

三角形螺纹按其规格及用途不同,可分为普通螺纹、英制螺纹和管螺纹三种。三角形螺纹曾用于固定、连接、调节或测量等。

三角形螺纹的种类、代号、牙型和标注见表 3-6。

表 3-6　三角形螺纹的种类、代号、牙型和标注

三角形螺纹种类及牙型代号	外形图	内螺纹旋合牙型放大图	代号标注方法	附　　注
普通粗牙螺纹（GB/T 9144—2003）M 普通细牙螺纹（GB/T 9144—2003）M			M12-5g6g-S M20×2-LH-bH M20×2-LH-bH/bg	普通粗牙螺纹不注螺距,细牙螺纹多用于薄壁工件,中等旋合长度不标 N
英制螺纹 in(")			$\frac{1}{2}$in$\left(\frac{1}{2}''\right)$ $1\frac{1}{2}$in$\left(1\frac{1}{2}''\right)$	英制螺纹在进口设备和修配时会遇到。英制螺纹,它以每英寸长度中的牙数来确定其螺距 $P=\frac{1}{n}$in$=\frac{25.4}{n}$(mm)

续表

三角形螺纹种类及牙型代号		外形图	内螺纹旋合牙型放大图	代号标注方法	附 注
圆柱管螺纹 （GB/T 7307—2001）				$G1\frac{1}{2}A$、 $G1\frac{1}{2}-LH$	外螺纹中径公差等级分为 A、B 两级，上偏差为零、下偏差为负。内管螺纹中径公差等级只有一种
60°圆锥管螺纹 （GB/T 12716—2011）NPT				NPT3/8 NP3/8-LH	内、外管螺纹中径均仅有一种公差带，故不注公差代号
用螺纹密封的管螺纹 （GB/T 7306—2000）	圆锥外螺纹 R			$R\frac{1}{2}-LH$	内、外螺纹中径均只有一种公差带
	圆锥内螺纹 RC			$RC1\frac{1}{2}$	
	圆柱内螺纹 RP			$RP\frac{1}{2}$	

注：管螺纹的大、中、小径都是基面上的基本直径，各基本尺寸和参数可在相关螺纹表中查出。

3. 普通螺纹要素及各部分名称

螺纹要素由牙型、公称直径、螺距（或导程）、线数、旋向和精度等组成。螺纹的形成、尺寸和配合性能取决于螺纹要素，只有当内、外螺纹的各要素相同时，才能互相配合。

三角形螺纹的各部分名称如图 3-119 所示。

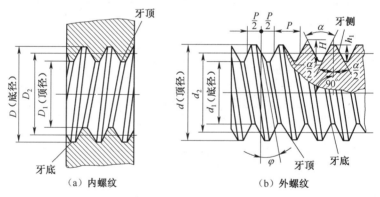

图 3-119 普通螺纹各部分名称

（1）牙型角（α）：在螺纹牙型上，两相邻牙侧间的夹角。

（2）螺距（P）：相邻两牙在中径线上对应两点间的轴向距离。

（3）导程（L）：在同一条螺旋线上相邻两牙在中径线上对应两点间的轴向距离。

当螺纹为单线螺纹时，导程与螺距相等（$L=P$）；当螺纹为多线时，导程等于螺旋线数（n）与螺距(P)的乘积,即 $L=nP$(见图3-119)。

(4)螺纹大径(d、D):指与外螺纹牙顶或内螺纹牙底相切的假想圆柱或圆锥的直径。

外螺纹大径用 d 表示,内螺纹大径用 D 表示。国家标准规定,螺纹大径的基本尺寸称为螺纹的公称直径,它代表螺纹尺寸的直径。

(5)中径(d_2、D_2):一个假想圆柱或圆锥的直径,该圆柱或圆锥的素线通过牙型上沟槽和凸起宽度相等的地方,该假想圆柱或圆锥称为中径圆柱或中径圆锥。外螺纹中径用 d_2 表示,内螺纹中径用 D_2 表示。外螺纹的中径和内螺纹的中径相等,即 $d_2=D_2$(见图3-119)。

(6)螺纹小径(d_1、D_1):与外螺纹牙底或内螺纹牙顶相切的假想圆柱或圆锥的直径。外螺纹的小径用 d_1 表示,内螺纹的小径用 D_1 表示。

(7)顶径:与外螺纹或内螺纹牙顶相切的假想圆柱或圆锥的直径,即外螺纹的大径或内螺纹的小径。

(8)底径:与外螺纹或内螺纹牙底相切的假想圆柱或圆锥的直径,即外螺纹的小径或内螺纹的大径。

(9)原始三角形高度(H):由原始三角形顶点沿垂直于螺纹轴线方向到其底边的距离(见图3-119)。

(10)螺旋升角(φ):在中径圆柱或中径圆锥上螺旋线的切线与垂直于螺纹轴线的平面的夹角(见图3-119)。

螺纹升角可按下式计算:

$$\tan\varphi = \frac{nP}{nd_2} = \frac{L}{\pi d_2}$$

式中　n——螺旋线数;

$\quad\quad P$——螺距,mm;

$\quad\quad d_2$——中径,mm;

$\quad\quad L$——导程,mm。

4. 三角形螺纹尺寸计算

1)普通螺纹的尺寸计算

普通三角形螺纹牙型如图3-120所示,尺寸计算公式参见表3-7,普通螺纹直径与螺距系列见附表3所示。

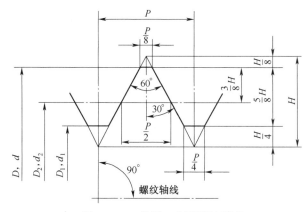

图3-120　普通三角形螺纹牙型

表 3-7　普通螺纹的尺寸计算

名称		代号	计算公式
外螺纹	牙型角	α	$60°$
	原始三角形高度	H	$H = 0.866P$
	牙型高度	h	$h = \dfrac{5}{8}H = \dfrac{5}{8} \times 0.866P = 0.5413P$
	中径	d_2	$d_2 = d - 2 \times \dfrac{3}{8}H = d - 0.6495P$
	小径	d_1	$d_1 = d - 2h = d - 1.0825P$
内螺纹	中径	D_2	$D_2 = d_2$
	小径	D_1	$D_1 = d_1$
	大经	D	$D = d = $ 公称直径
螺旋升角		φ	$\tan\varphi = \dfrac{nP}{\pi d_2}$

【**例 3-5**】　计算普通外螺纹 M16 各部分尺寸。

解: 已知 $d = 16$ mm, M16 为普通粗牙螺纹, 查附表 3 知其螺距 $P = 2$ mm, 由表 3-7 有:

$$d_2 = D_2 = d - 0.6495P = 16 - 0.6495 \times 2 = 14.701 \text{（mm）}$$

$$d_1 = D_1 = d - 1.0825P = 16 - 1.0825 \times 2 = 13.835 \text{（mm）}$$

$$H = 0.866P = 0.866 \times 2 = 1.732 \text{（mm）}$$

$$H/4 = 1.732/4 = 0.433 \text{（mm）}$$

$$H/8 = 0.216 \text{（mm）}$$

2) 英制螺纹尺寸计算

英制螺纹在我国应用较少, 只是在某些进口设备和维修旧设备时会用到。英制螺纹的公称直径是指内螺纹大径 D, 并用英寸(in)表示, 螺距是用每英寸长度中的牙数(n)表示, 如 1in(25.4 mm)12 牙, 其螺距为 $\dfrac{1}{12}$in。英制螺距与米制螺距的换算如下:

$$P = \frac{1\text{in}}{n} = \frac{25.4}{n} \text{（mm）}$$

3) 管螺纹

管螺纹是一种特殊的英制细牙螺纹, 其牙型角有 55° 和 60° 两种。管螺纹按母体形状分为圆柱管螺纹和圆锥管螺纹。管螺纹常用在流通气体或液体的管子接头、旋塞、阀门及其他附件中。计算管子中流量时, 为了方便起见, 常将管子的孔径作为管螺纹的公称直径。常见的管螺纹有非密封的管螺纹(又称圆柱管螺纹)、用螺纹密封的管螺纹(又称 55° 圆锥管螺纹)和 60° 圆锥管螺纹三种, 其中圆柱管螺纹用得较多, 如图 3-121 所示。

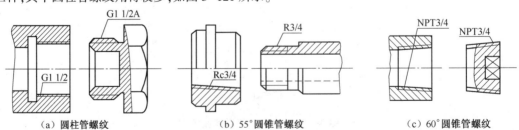

（a）圆柱管螺纹　　　　（b）55° 圆锥管螺纹　　　　（c）60° 圆锥管螺纹

图 3-121　带有管螺纹的零件

二、三角形螺纹车刀及刃磨

(一)螺纹车刀材料的选择

按车刀切削部分的材料分有高速钢螺纹车刀、硬质合金螺纹车刀两种。

1. 高速钢螺纹车刀

高速钢螺纹车刀刃磨方便,切削刃锋利,韧性好,刀尖不易崩裂,车出螺纹的表面粗糙度值小。但它的热稳定性差,不宜高速车削,所以常用在低速切削或作为螺纹精车刀。

2. 硬质合金螺纹车刀

硬质合金螺纹车刀的硬度高,耐磨性好,耐高温,热稳定性好。但抗冲击能力差,因此,硬质合金螺纹车刀适用于高速切削。

(二)螺纹升角 φ 对车刀角度的影响

由于受螺纹升角的影响和车刀径向前角的存在,加工螺纹时车刀两侧切削刃不通过工件的轴线,因此车出的螺纹牙侧不是直线,而是曲线。由此可见,螺纹车刀的工作角度比一般车刀的角度要复杂得多。

1. 螺纹升角对车刀侧刃后角的影响

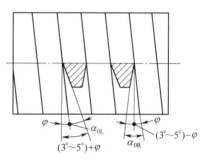

图 3-122　螺纹升角对车刀两侧后角的影响

车螺纹时,由于螺纹升角的影响,引起切削平面和基面位置变化,从而使车刀工作时的前角和后角与车刀静止时的前角和后角的数值不相同,如图 3-122 所示。螺纹升角越大,对工作时的前角和后角的影响越明显。三角形螺纹的螺纹升角一般比较小,影响也较小,但在车削矩形、梯形螺纹和螺距较大的螺纹时影响就比较大。因此,在刃磨螺纹车刀时,必须注意此影响。

由于螺纹升角会使车刀沿进给方向一侧的工作后角小,使另一侧工作后角增大。为了避免车刀后面与螺纹牙侧面发生干涉,保证切削顺利进行,应将车刀沿进给方向一侧的后角 α_{0L} 磨成工作后角加上螺纹升角,即 $\alpha_{0L}=(3°\sim5°)+\varphi$;为了保证车刀强度,应将车刀背着进给方向一侧的后角 α_{0R} 磨成工作后角减去螺纹升角,即 $\alpha_{0R}=(3°\sim5°)-\varphi$。车削左旋螺纹时,情况正好相反。

【例 3-6】 车削螺纹升角 $\varphi=4°30'$ 的右旋螺纹,车刀两侧静止后角应磨多少度?

解:已知 $\varphi=4°30'$,根据公式则有:

$$\alpha_{0L}=(3°\sim5°)+\varphi\Rightarrow3°+4°30'=7°30'$$
$$\alpha_{0R}=(3°\sim5°)-\varphi\Rightarrow3°-4°30'=-1°30'$$

2. 螺旋升角对车刀两侧前角的影响

由于螺旋升角的影响,使基面位置发生了变化,从而使车刀两侧的工作前角也与静止前角的数值不相同。虽然螺旋升角对三角形螺纹车刀两侧前角的影响在刃磨螺纹车刀时不作修正,但在车刀装夹时,必须给予充分的注意。

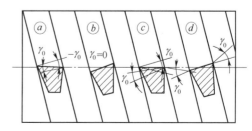

图 3-123　螺纹升角对车刀两侧前角的影响

如果车刀两侧刃磨前角均为 0°,车削右旋螺纹时,左刀刃在工作时是正前角,切削比较顺利,而右刀刃在工作时是负前角,切削不顺利,排屑也困难,如图 3-123ⓐ所示。为了改善上述状况,可用图 3-123ⓑ所示方法,将车刀两侧切削刃组成的平面垂直于螺旋线装夹,这时两侧刀刃的工作前角都为0°;或在前刀面上沿两侧切削刃上磨有较大前角的卷屑槽[见图3-123ⓒ、ⓓ],使切削顺利,并有利于排屑。

3. 径向前角 γ_p 对车削螺纹牙型角的影响

当径向前角 $\gamma_p = 0°$ 时,螺纹车刀的刀尖角 ε_r 应等于螺纹的牙型角 α。车削螺纹时,由于车刀排屑不畅,致使螺纹表面粗糙度值较大,影响加工精度。

若径向前角 $\gamma_p > 0°$,虽然排屑比较顺利,且可减少积屑瘤现象,但由于螺纹车刀两侧切削不与工件轴向重合,使得车出工件的螺纹牙型角 α 大于车刀的刀尖角 ε_r。径向前角 γ_p 越大,牙型角的误差也越大。同时,还会使车削出的螺纹牙型在轴向剖面内不是直线,而是曲线,会影响螺纹副的配合质量。所以,车削精度要求较高的螺纹时,其精车刀刀尖角应等于螺纹的牙型角,两侧切削刃必须是直线,且径向前角应取的较小($\gamma_p = 0° \sim 5°$),才能车出较正确的牙型。

若车削精度要求不高的螺纹,其车刀允许磨有较大的径向前角($5° \sim 15°$),但必须对车刀两刃夹角 ε_r 进行修正,可根据图3-124按下式进行修正计算。

$$\tan \frac{\varepsilon_r'}{2} = \cos\gamma_p \tan \frac{\alpha}{2}$$

式中　α——螺纹的牙型角;

　　　γ_p——螺纹的径向前角;

　　　ε_r'——$\gamma_p = 0°$ 时的车刀两刃夹角;

　　　ε_γ——$\gamma_p \neq 0°$ 时的车刀两刃夹角。

注意:车刀两刃夹角与刀尖角不同,两刃在基面上的投影之间的夹角才称为刀尖角。

据此,在刃磨具有径向前角的螺纹车刀,用样板检查车刀刀尖时,应使样板与车刀底平面平行,再用透光法检查。这样测出来的才是刀尖角,而不能将样板与刀刃平行来检验。因为那样检测到的并不是刀尖角,而实际刀尖角小于牙型角。

必须指出,具有较大的径向前角的螺纹车刀,除了产生螺纹牙型变形以外,车削时还会产生一个较大的切削抗力的径向分力(F_y),如图3-125所示,这个分力有把车刀拉向工件里面的趋势。如果中滑板丝杠与螺母间隙较大,则容易产生"扎刀现象"。

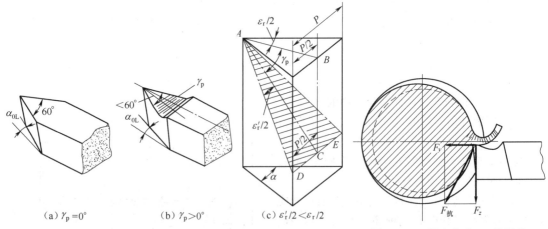

(a) $\gamma_p = 0°$　　　(b) $\gamma_p > 0°$　　　(c) $\varepsilon_r'/2 < \varepsilon_r/2$

图3-124　螺纹车刀径向前角及其影响

图3-125　径向分力 F_y 使螺纹
车刀扎入工件的趋势

(三)常用三角螺纹车刀

1. 外螺纹车刀

高速钢螺纹车刀,刃磨比较方便,切削刃容易磨的锋利,而且韧性较好,刀尖不易崩裂。常用于车削塑性材料、大螺距螺纹和精密丝杠等工件,如图 3-126 所示。其中,图 3-126(a)、(b)所示为整体式内螺纹车刀;图 3-126(c)、(d)所示为装配式内螺纹车刀;图 3-126(e)所示为装配式外螺纹车刀,图 3 126(f)所示为整体式外螺纹车刀。

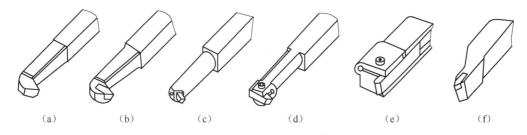

| （a） | （b） | （c） | （d） | （e） | （f） |

图 3-126 常用三角形螺纹车刀

常见的高速钢外螺纹车刀的几何形状如图 3-127 所示。

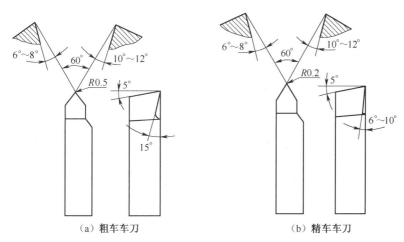

（a）粗车车刀　　　　　　（b）精车车刀

图 3-127 高速钢三角形外螺纹车刀

由于高速钢车刀刃磨时易退火,在高温下车削时易磨损。所以加工脆性材料(如铸铁)或高速切削塑性材料及加工批量较大的螺纹工件时,则选用图 3-128 所示硬度高、耐磨性好、耐高温的硬质合金螺纹车刀,该车刀的径向前角 $\gamma_0 = 0°$,后角 $\alpha_0 = 4° \sim 6°$,在加工较大的螺距($P > 2$ mm),或被加工材料硬度较高时,在车刀的两个主刀刃上磨有 $0.2 \sim 0.4$ mm 宽,$r_{01} = -5°$ 的倒棱。因为在高速切削时牙型角会扩大,所以刀尖角要适当减少 $30'$,另外车刀的前刀面及后刀面的表面粗糙度值必须很小。图 3-128 所示为高速钢三角形外螺纹车刀的几何角度。

2. 内螺纹车刀

根据所加工内孔的结构特点选择合适的内螺纹车刀。由于内螺纹车刀的大小受内螺纹孔径的限制,所以内螺纹车刀刀体的径向尺寸应比螺纹孔径小 3~5 mm 以上,否则退刀时易碰伤牙顶,甚至无法车削。

此外,在车内圆柱面时,曾重点提到有关提高内孔车刀的刚性和解决排屑问题的有效措施,在选择内螺纹车刀的结构和几何形状时也应给予充分的注意。

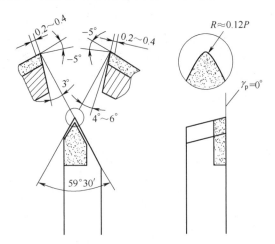

图 3-128 高速钢三角形外螺纹车刀

高速钢内螺纹车刀的几何角度如图 3-129 所示,硬质合金内螺纹车刀的几何角度如图 3-130 所示。内螺纹车刀除了其刀刃几何形状应具有外螺纹刀尖的几何形状特点外,还应具有内孔刀的特点。

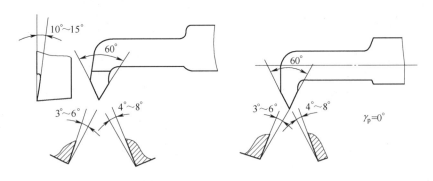

图 3-129 高速钢内螺纹车刀几何角度

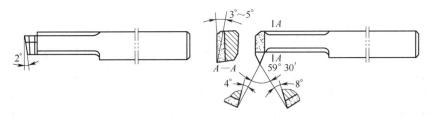

图 3-130 硬质合金内螺纹车刀几何角度

3. 三角形螺纹车刀的刃磨

由于螺纹车刀的刀尖受刀尖角限制,刀体面积较小,因此刃磨时比一般车刀难以正确掌握。

1) 刃磨螺纹车刀的要求

(1) 当螺纹车刀径向前角 $\gamma_p=0°$ 时,刀尖角应等于牙型角;当螺纹车刀径向前角 $\gamma_p>0°$ 时,刀尖角必须修正。

（2）螺纹车刀两侧切削刃必须是<u>直线</u>。

（3）螺纹车刀切削刃应具有较小的表面粗糙度值。

（4）螺纹车刀两侧后角是不相等的，应考虑车刀进给方向的后角受螺纹升角的影响而加、减一个螺纹升角 φ。

2）螺纹车刀具体刃磨步骤

（1）先粗磨前刀面。

（2）磨两侧后刀面，以初步形成两刃夹角。其中先磨进给方向侧刃（控制刀尖半角 $\varepsilon_r/2$ 及后角 $\alpha_0+\varphi$），再磨背进给方向侧刃（控制刀尖角 ε_r 及后角 $\alpha_0-\varphi$）。

（3）精磨前刀面，以形成前角。

（4）精磨后刀面，刀尖角用螺纹车刀样板来测量，能得到正确的刀尖角（见图 3-131）。

（5）修磨刀尖，刀尖侧棱宽度约为 0.1P。

（6）用油石研磨刀刃处的前后面（注意保持刃口锋利）。

3）刃磨时应注意的问题

（1）刃磨时，人的站立姿势要正确。在刃磨整体式内螺纹车刀内侧时，易将刀尖磨歪斜。

（2）磨削时，两手握着车刀与砂轮接触的径向压力应不小于一般车刀。

（3）磨外螺纹车刀时，刀尖角平分线应平行刀体中线；磨内螺纹车刀时，刀尖角平分线应垂直于刀体中线。

（4）车削高阶台的螺纹车刀，靠近高阶台一侧的刀刃应短些，否则易擦伤轴肩，如图 3-132 所示。

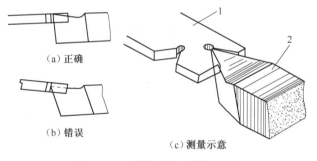

（a）正确

（b）错误

（c）测量示意

图 3-131　用样板修正两刃夹角

1—样板；2—螺纹车刀

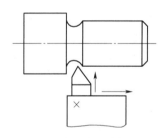

图 3-132　车削高阶台螺纹车刀

（5）粗磨时也要用车刀样板检查。对径向前角 $\gamma_p>0°$ 的螺纹车刀，粗磨时两刃夹角应略大于牙型角。待磨好前角后，再修磨两刃夹角。

（6）刃磨刀刃时，要稍带作左右、上下的移动，这样容易使刀刃平直。

（7）刃磨车刀时，一定要注意安全。

三、三角形螺纹的车削方法

三角形螺纹的车削方法有低速和高速车削两种。低速车削使用高速钢螺纹车刀，高速车削使用硬质合金螺纹车刀。低速车削精度高，表面粗糙度值低，但效率低。高速车削效率可达低速车削的几倍，只要方法得当，也可获得较低的表面粗糙度值。要车好螺纹，除了解和掌握在车床上三角形螺纹形成原理（见图 3-133）和加工方法外，还应正确选择车刀几何角度与刃磨、车刀的安装、车床的调整和交换齿轮的计算，并正确搭配交换齿轮；此外，还要掌握车螺纹的进给方向、切削用量、冷却润滑以及车削各种三角形内、外螺纹内的基本计算和测量方法等。

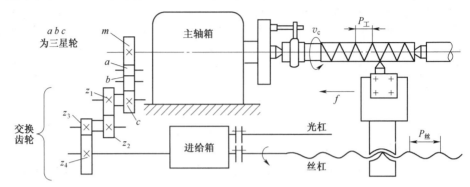

图 3-133　CA6140 型车床车削螺纹进给系统传动示意图

（一）车床的调整

（1）调整车床手柄的位置车削常用螺距或导程的螺纹时，可根据所车螺距或导程在进给箱的铭牌上找到相应的手柄位置参数，并把手柄拨到所需的位置，如图 3-134 所示。

（2）调整滑板间隙车削螺纹时，床鞍和中、小滑板镶条的配合间隙既不能太松，又不能太紧。太紧时，摇动滑板费力；太松时，容易产生"扎刀"现象。

（3）检查丝杠与开合螺母啮合是否到位，以防车削时产生乱牙，如图 3-135 所示。

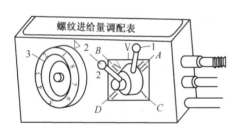

图 3-134　进给箱上的手柄位置（CA6140 型）

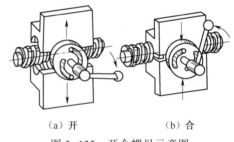

图 3-135　开合螺母示意图

（二）切削液的选用

根据螺纹加工要求、工件材料、刀具材料和工艺要求等具体情况合理选用。

（三）车削三角形外螺纹的方法

在圆柱表面上车出螺旋槽的过程，除了上述准备工作外。由于三角形螺纹车刀刀尖强度较差，工作条件恶劣，加之两侧切削刃同时参加切削，则会产生较大切削抗力，将引起工件振动，影响加工精度和表面粗糙度。所以在进刀方法上应根据不同的加工要求、零件的材质和螺纹的螺距大小选择合适的进刀方法。

1. 低速车削三角形外螺纹

1）直进刀法

车削时只用中滑板横向进给［见图 3-136（a）］，在几次行程后，把螺纹车到所需求的尺寸和表面粗糙度值，这种方法称为直进法，适于 $P<3$ mm 的三角形螺纹粗、精车。

2）左右切削法

车螺纹时，除中滑板作横向进给外，同时用小滑板将车刀向左或向右作微量移动（俗称借刀或赶刀），经几次行程后把螺纹牙型车好，这种方法称为左右切削法［见图 3-136（b）］。

采用左右切削法车螺纹时,车刀只有一个面进行切削,这样刀尖受力小,受热情况均有改善,不易引起"扎刀",可相对提高切削用量。但操作较复杂,牙型两侧的切削余量应合理分配。车外螺纹时,大部分余量在顺向走刀方向一侧切去;车内螺纹时,为了改善刀柄受力变形,大部分余量应在尾座一侧切去。在精车时,车刀左右进给量一定要小,否则容易造成牙底过宽或不平。此方法适于除梯形螺纹以外的各类螺纹的粗、精车。

3)斜进法

当螺距较大,螺纹槽较深,切削余量较大时,粗车为了操作方便,除中滑板直进外,小滑板只向一个方向移动,这种方法称为斜进法[见图 3-136(c)]。此方法一般只用粗车,且每边牙侧留约 0.2 mm 的精车余量。精车时,则应采用左右切削法车削。具体方法是将一侧车到位后,再移动车刀精车另一侧,当两侧面均车到位后,再将车刀移至中间位置用直进法把牙底车到位,以保证牙底清晰。用左右切削法和斜进法车螺纹时,因车刀是单刃切削,不易产生"扎刀",还可获得较小的表面粗糙度值。但借刀量不能太大,否则会将螺纹车乱或牙顶车尖。

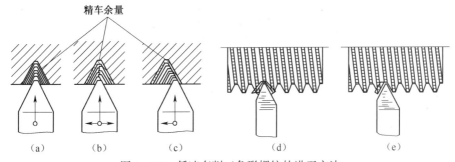

图 3-136　低速车削三角形螺纹的进刀方法

2. 高速车削三角形外螺纹

高速车削三角形外螺纹只能采用直进刀法,而不能采用左右进刀法,否则会拉毛牙型的侧面,影响螺纹精度。高速切削时,车刀两侧刃同时参加切削,切削力较大,为防止工件振动及发生扎刀,可使用如图 3-137 所示的弹性刀柄螺纹刀;这样可以避免扎刀现象。高速车削三角形螺纹时,由于车刀对工件的挤压力,容易使工件胀大,所以车削外螺纹前工件大径一般比公称尺寸小(约小 0.13P)。

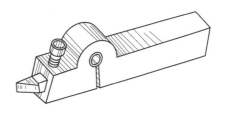

图 3-137　弹性刀柄螺纹车刀

(四)切削用量的选择

车削螺纹的切削用量应根据工件材质、螺纹牙型角和螺距的大小,及所处的加工阶段(粗车还是精车)等因素决定。高速车削时进给次数具体见表 3-8,低速车削时见表 3-9。粗车一、二刀时,因车刀刚切入工件,总的切削面积并不大,所以切削深度可以大些。以后每次进给切削深度应逐步减小。精车时,切削深度更小,排出的切屑很薄(像锡箔一样)。因为车刀两刃夹角小,散热条件差,故切削速度应比车外圆时低。粗车时 $v_c = 10 \sim 15$ m/min;精车时 $v_c = 6$ m/min。

表 3-8　高速车削三角螺纹的进给次数

螺距 P/mm		1.5~2	3	4	5	6
进给次数	粗车	2~3	3~4	4~5	5~6	6~7
	精车	1	2	2	2	2

表 3-9　低速车削三角螺纹的进给次数

进刀数／序号	M24　P=3 mm			M20　P=2.5 mm			M16　P=2 mm		
	中滑板进刀数	小滑板赶刀(借刀)格数		中滑板进刀数	小滑板赶刀(借刀)格数		中滑板进刀数	小滑板赶刀(借刀)格数	
		左	右		左	右		右	左
1	11	0		11	0		10	0	
2	7	3		7	3		6	3	
3	5	3		4	3		4	2	
4	4	2		3	2		2	2	
5	3	2		2	1		1	1/2	
6	3	1		1	1		1	1/2	
7	2	1		1	0		1/4	1/2	
8	1	1/2		1/2	1/2		1/4		2
9	1/2	1		1/2	1/2		1/2		1/2
10	1/2	0		1/4		3	1/2		1/2
11	1/4	1/2		1/2		0	1/2		1/2
12	1/4	1/2		1/2		1/2	1/4		0
13	1/2		3	1/4		1/2	螺纹深度=1.3 mm　n=26 格		
14	1/2		0	1/4		0			
15	1/4		1/2	螺纹深度=1.625 mm　n=32 格					
16	1/4		0						
螺纹深度=1.95 mm　n=39 格									

注:1. 小滑板每格为 0.04 mm。

　　2. 中滑板每格为 0.05 mm。

　　3. 粗车选 110~180 r/min,精车选 44~72 r/min。

(五)车削三角形内螺纹

车削三角形内螺纹的方法和车削三角形外螺纹的方法基本相同,但进刀、退刀方向正好与车外螺纹相反。车内螺纹时(尤其是直径较小的螺纹),由于刀柄细长、刚性差、切屑不易排出、切削液不易注入及不便于观察等原因,因此比车削外螺纹要困难得多。内螺纹工件常见形状有三种,即通孔、不通孔(盲孔)和阶台孔,如图 3-138 所示。由于工件形状不同,因此车削方法及所用的螺纹车刀也不同,这里主要介绍通孔内螺纹的车削方法。

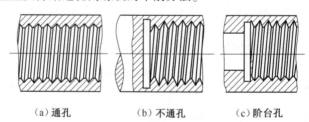

（a）通孔　　　　（b）不通孔　　　　（c）阶台孔

图 3-138　内螺纹工件形状

1. 车刀的选择

根据所加工内螺纹面的三种形状选择内螺纹车刀。车削通孔内螺纹时可选图 3-139(a)、(b)所示形状的车刀,车削盲孔或阶台孔内螺纹时可选图 3-139(c)、(d)所示形状的车刀(其左侧刀刃短些)。

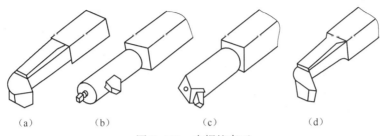

| (a) | (b) | (c) | (d) |

图 3-139　内螺纹车刀

2. 车刀的安装

安装内螺纹车刀时,应使刀尖对准工件中心,同时使两刃夹角中线垂直于工件轴线,可采取样板对刀的方法(见图 1-131)。装好刀后,还应摇动床鞍,使车刀在孔中试走一遍,检查刀柄是否与孔口相碰。

3. 车螺纹前孔径的计算

在车内螺纹时,一般先钻孔或扩孔。由于切削时的挤压作用,内孔直径会缩小(塑性金属较明显),所以车螺纹前孔径略大于小径的基本尺寸,一般可按下式计算:

车削塑性金属时: $$D_{孔} = D - P$$

车削脆性金属时: $$D_{孔} \approx D - 1.05P$$

式中　D——大径。

(六)车三角形外螺纹步骤举例

(1)欲车 M24×2 普通细牙螺纹,螺距 $P = 2$ mm。工件伸出 50 mm 夹紧,先将大径车至尺寸。

(2)根据螺距 $P = 2$ mm,按车床进给箱铭牌上数据,将进给箱的手柄拨到相应位置。

(3)选择主轴转速为 105~200 r/min,开动车床,将主轴正、反转,然后合上开合螺母,检查丝杠与开合螺母啮合是否正常,若丝杠有跳动和开合螺母自动脱离现象,必须消除。

(4)空刀练习车螺纹的动作,试车:长为 30 mm 左右,无载荷,作进、退刀和正、反车练习。要求退刀、后倒车(瞬时)动作要协调。

(5)试切螺纹。车螺纹前试切的目的是检查螺距是否正确。方法是用刀尖在工件表面车出一条很浅的螺旋线,然后停车用钢直尺或游标卡尺检查是否正确,如图 3-140 所示。

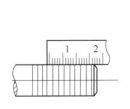
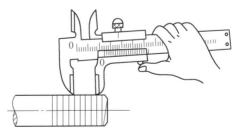

(a)用钢直尺测量螺距　　　　　　　　(b)用游标卡尺测量螺距

图 3-140　螺距检查

（6）车螺纹。螺纹一般需要分几次进给车削才能完成。为了防止"乱牙"，常采用倒顺车切削方式，即在第一次刀具进入切削时按下（合上）开合螺母后，返回不提起开合螺母，开倒车使车刀返回原来进入切削状态的初始位置；开正车进行第二行程的切削，直至螺纹车好，才可提起（断开）开合螺母。

在螺纹车削过程中，若要更换螺纹车刀或进行精车，装刀后，必须进行动态对刀。对刀时，车刀应退出加工表面，按下开合螺母，待刀具移至加工区域时，立即停车，移动小滑板，使螺纹车刀的刀尖对准螺旋槽，然后开车，在刀具移动过程中检查刀尖与螺旋槽的对准程度。

（七）车削螺纹时乱牙的原因及预防方法

无论车削哪一种螺纹，都要经过几次进给才能完成。车削时，车刀偏离了前一次行程车出的螺旋槽，而把螺纹车乱的现象称为乱牙。

1. 产生乱牙的原因

产生乱牙的原因是当丝杠转一周时，工件未转过整数转而造成的。

车螺纹时，在一次行程结束时，若打开开合螺母退刀后，再合上开合螺母，至少要等丝杠转过一转，当丝杠转过一转时，工件转过整数转，车刀就能进入前一次行程车出的螺旋槽内，便不会乱牙。当丝杠转过一转时，工件未转过整数转，车刀就会偏离前一刀车出的螺旋槽，便造成乱牙。

2. 判断乱牙的方法

主轴到丝杠之间传动比公式为：

$$i = \frac{n_{丝}}{n_{工}} = \frac{L_{工}}{P_{丝}} \tag{3-5}$$

式中　i——主轴到丝杠之间的传动比；

$n_{丝}$——丝杠的转速，r/min；

$P_{丝}$——丝杠的螺距，mm；

$n_{工}$——工件的转速，r/min；

$L_{工}$——工件的导程，mm。

由式（3-5）转速和螺距的关系可知，当丝杠螺距是工件导程的整数倍时，就不会乱牙，否则会乱牙。

【例3-7】　车床丝杠螺距为 6 mm，车削导程为 3 mm 和 12 mm 的两种螺纹，试分别判断是否会产生乱牙。

解：①车削 $L_{工} = 3$ mm 时，根据式（3-5）得

$$i = \frac{n_{丝}}{n_{工}} = \frac{L_{工}}{P_{丝}} = \frac{3}{6} = \frac{1}{2}$$

即丝杠转一转时，工件转过两转，不会产生乱牙。

②车削 $L_{工} = 12$ mm 时，根据式（3-5）得

$$i = \frac{n_{丝}}{n_{工}} = \frac{L_{工}}{P_{丝}} = \frac{12}{6} = \frac{1}{0.5}$$

即丝杠转一转时，工件转过半转，会产生乱牙。

3. 预防乱牙的方法

通常预防乱牙的方法是开倒顺车法，即在一次行程结束时，不提起开合螺母，把车刀沿径向退出后，将主轴反转，使车刀沿纵向退回，再进行第二次行程，这样往复过程中，因主轴、丝杠和刀架之间的传动链始终没有脱开，车刀就不会偏离原来的螺旋槽而乱牙。

采用倒顺车法时,主轴换向不能太快,否则会使机床的传动件受冲击而损坏,在卡盘处应装有保险装置,以防主轴反转时卡盘脱落。

(八)车削三角形螺纹注意事项

(1)车削螺纹前,首先调整好床鞍和中、小滑板镶条的松紧程度。

(2)检查或调整交换齿轮时,必须切断电源,停车后再进行调整,事后要装好防护罩。

(3)车螺纹前检查床头箱和进给箱各手柄是否拨到所车螺纹规格应有的位置。

(4)安装内、外螺纹车刀时,刀尖必须对准工件旋转中心,两刃夹角的中线要垂直工件轴线。

(5)车螺纹前一般应在工件端面倒角至螺纹底径或大于底径。

(6)车螺纹时,应始终保持刀刃锋利,中途换刀或磨刀后,必须对刀,并重新调整好中滑板刻度。

(7)倒顺车换向不能过快,否则机床受瞬时冲击,容易损坏机件。在卡盘与主轴连接处必须安装保险装置,以防卡盘反转时从主轴上脱落。

(8)车螺纹时,必须注意中滑板手柄不能多摇过一圈,否则会造成刀尖崩刃或损坏工件和机床。

(9)当工件旋转时,不准用手摸或用棉纱去擦螺纹,以免伤手。

(10)车削时应防止小径不清、牙侧不光、牙型线不直等不良现象出现。

(11)车无退刀槽的螺纹,当车到螺纹长度的1/3圈时,必须先退刀,然后随即提开合螺母手柄,且每次退刀位置大致相同,否则会撞掉牙尖。

(12)一般外螺纹的有效长度,用刀尖在工件外圆上画一条线痕来控制(见图3-141)。

(13)车脆性材料螺纹时,进给量不宜过大,否则会使螺纹牙尖爆裂,造成废品,在车最后几刀时,采取微量进刀以车光螺纹侧面。

(14)车内螺纹的有效长度,可在刀柄上划线或用反映床鞍移动的刻度盘控制。

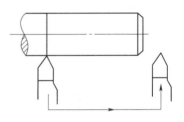

图3-141 螺纹终止退刀标记

(15)退刀要及时、准确,尤其要注意退刀方向,先让中滑板向前进,使刀尖退出工件表面后,再纵向退刀(车内螺纹与车外螺纹刀尖退出方向相反)。

(16)对于让刀而产生的锥形误差(用螺纹套规检查时,只能在进口处拧几牙),不能盲目地加大切深,应让车刀在原来的进口位置反复车削,直到逐步消除锥形误差为止。

(17)车盲孔螺纹时,一定要小心,退刀时一定要迅速,否则车刀刀体会与孔底相撞。

四、操作示例

(一)车三角外螺纹

【练3-1】 用一根碳钢棒料 $\phi60$ mm×100 mm 车外螺纹,规格 M52×5,如图3-142所示。

加工步骤:

(1)工件伸出80mm 左右,找正夹紧。

(2)粗、精车外圆至 $\phi51.74$ mm,长 50 mm。

(3)倒右角 2×45°。

(4)切退刀槽 6 mm×2 mm。

(5)按进给箱铭牌上标注的螺距调整手柄相应的位置。

（6）粗、精车三角形螺纹 M52×2 符合图样要求。

（7）检验。

（二）车三角形内螺纹

【练 3-2】　车 M40×2—6H 螺纹，并求孔径尺寸及查内螺纹小径公差表，如图 3-143 所示。

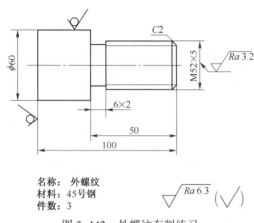

名称：**外螺纹**
材料：**45号钢**
件数：**3**

$\sqrt{Ra\ 6.3}\ \sqrt{}$

图 3-142　外螺纹车削练习　　　　　　　图 3-143　内螺纹车削练习

加工步骤：

（1）夹持棒料，将棒料伸出 45 mm 左右，找正并夹紧。

（2）车平端面，并将外圆车至 $\phi60$ mm 尺寸。

（3）钻 $\phi36$ mm 孔并倒内角 2×30°（控制孔深尺寸），切断，保证 $\phi40_{0}^{+0.5}$ mm 长度尺寸。

（4）调头夹持 $\phi60$ mm 外圆，车另一端面，倒内角 2×30°。

（5）粗、精车螺纹孔径至尺寸 $\phi38_{0}^{+0.375}$ mm。

（6）粗、精车内螺纹 M40×2 mm，达到图样要求。

（7）检验。

五、螺纹的测量

标准螺纹应具有互换性，特别对螺距、中径尺寸要严格控制，否则螺纹副无法配合。

根据不同的质量要求和生产批量的大小，相应地选择不同测量方法，常见测量方法有单项测量法和综合测量法两种。

（一）单项测量法

单项测量是选择合适的量具测量螺纹某一项参数的精度。常见的有测量螺纹的顶径、螺距、中径。

（1）顶径测量：由于螺纹的顶径公差较大，一般只需用游标卡尺测量即可。

（2）螺距测量：在车削螺纹时，螺距的正确与否，从第一次纵向进给运动开始就要进行检查。可用第一刀在工件上划出一条很浅的螺旋线，用钢直尺或游标卡尺进行测量（见图 3-140）。

螺距最后测量也可用螺距规或钢直尺测量，用钢直尺测量时，可多测几个螺距长度，然后取其平均值，如图 3-144 所示。用螺距规测量时，应将螺距规沿着通过工件轴线的平面方向嵌入牙槽中，如完全吻合，则说明被测螺距是正确的，如图 3-145 所示。

（二）中径测量

1）用螺纹千分尺测量

三角形螺纹的中径可用螺纹千分尺测量，如图 3-146 所示。螺纹千分尺的结构和使用方法与一般千分尺相似,其读数原理与一般千分尺相同,只是它有两个可以调整的测量头(上测量头、下测量头)。在测量时,两个与螺纹牙型角相同的测量头正好卡在螺纹牙侧,所得到的千分尺读数就是螺纹中径的实际尺寸。

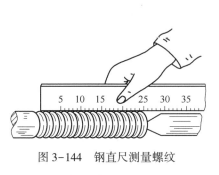

图 3-144 钢直尺测量螺纹

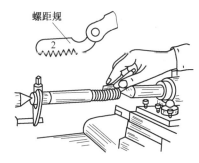

图 3-145 用螺距规测量螺距

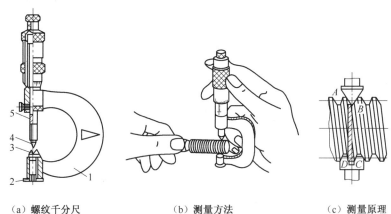

(a) 螺纹千分尺   (b) 测量方法   (c) 测量原理

图 3-146 螺纹千分尺测量中径

1—尺架;2—砧座;3—下测量头;4—上测量头;5—测微螺杆

螺纹千分尺附有两套(60°和55°牙型角)适用不同螺纹的螺距测量头,可根据需要进行选择。测量头插入千分尺的轴杆和砧座的孔中,更换测量头之后,必须调整砧座的位置,使千分尺对准零位。

2)用三针法测量

用三针法测量螺纹中径是一种比较精密的测量方法,适用于测量精度要求较高、螺纹升角小于4°的三角形螺纹、梯形螺纹和蜗杆的中径尺寸。所使用的量针是量具厂专门制造的。测量时,把直径合适的三根量针放置在螺纹两侧对应的螺旋槽内,如图 3-147(b)所示,用公法线千分尺[见图 3-147(a)]量出两边量针顶点之间的距离 M,如图 3-147(b)所示,根据 M 值可以判断出螺纹中径是否合格。

(1)公法线千分尺。公法线千分尺的结构见图 3-147(a)。它与千分尺的结构和读数原理基本相

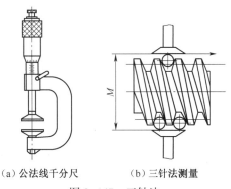

(a) 公法线千分尺   (b) 三针法测量

图 3-147 三针法

同,唯一不同的是公法线千分尺的两个测量头的接触面较大,以便测量时能托住两个量针,如图 3-147(b)所示。

(2)量针直径的选择。最佳量针直径应是量针横截面与螺纹中径处牙侧相切时的量针直径,如图 3-148(b)所示,若量针直径太大,则量针的横截面与螺纹牙侧不相切,则无法测得中径的实际尺寸,如图 3-148(c)所示;若量针直径太小,则量针陷入牙槽中,其顶点低于螺纹牙顶而无法测量,如图 3-148(a)所示。选择量针时,应尽量接近最佳值,以便获得较高的测量精度。

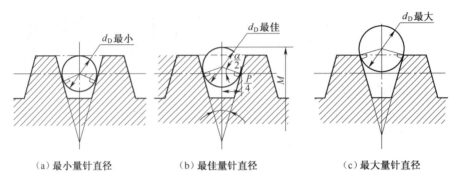

（a）最小量针直径　　　　（b）最佳量针直径　　　　（c）最大量针直径

图 3-148　量针直径的选择

车普通螺纹时量针直径的计算公式为:

量针直径的最大值:　　　　　　　$d_{D最大} = 1.01P$

量针直径的最佳值:　　　　　　　$d_{D最佳} = 0.577P$

量针直径的最小值:　　　　　　　$d_{D最小} = 0.505P$

式中　P——螺距,mm;

　　　d_D——量针直径,mm。

(3)三针测量时千分尺读数的计算。三针测量 M 值和螺纹中径的关系式为:

$$M = D_2 + 3d_D - 0.866P \qquad (3-6)$$

式中　M——三针测量时千分尺的读数,mm;

　　　D_2——螺纹中径,mm;

　　　d_D——量针直径,mm;

　　　P——螺距,mm。

【例 3-8】　用三针测量 M42×2 mm 的螺纹,选用直径为 1.73 mm 的量针,用千分尺测得 M 读数为 44.09 mm,试计算该螺纹中径的实际尺寸。

解:已知,$d_D = 1.73$ mm,$P = 2$ mm,$M = 44.09$ mm 根据公式(3-6)得:

$$D_2 = M - 3d_D + 0.866P = 44.09 - 3 × 1.73 + 0.866 × 2 = 40.63 （mm）$$

(二)综合测量

综合测量是采用螺纹量规对螺纹各部分主要尺寸同时进行综合检验的一种测量方法。这种方法效率高,使用方便,能较好保证互换性,广泛应用于对标准螺纹或大批量生产的螺纹工件的测量。

螺纹量规包括螺纹环规和螺纹塞规两种,而每一种又有通规和止规之分,如图 3-149 所示。螺纹环规用来测量外螺纹,螺纹塞规用来测量内螺纹。测量时,如果通规刚好能旋入,而止规不能旋入,则说明螺纹精度合格。对于精度要求不高的螺纹,也可以用标准螺母和螺杆来检验,以旋入工件时是否顺利和松动的程度来确定是否合格。

在测量时如果发现通规难以旋入,应对螺纹的直径、牙型、螺距和表面粗糙度进行检查,经过修正后再用量规检验,千万不可强拧量规,以免引起量规的严重磨损,降低量规的精度。

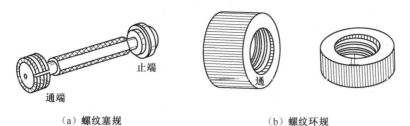

（a）螺纹塞规　　　　　　　　　　　　　（b）螺纹环规

图 3-149　螺纹量规

六、攻螺纹和套螺纹

(一)在车床上攻螺纹

攻螺纹是用丝锥切削内螺纹的一种加工方法(丝锥又称"丝攻")。丝锥是用高速钢制成的一种成形多刃刀具,可以加工车刀无法车削的小直径内螺纹,而且操作方便,生产效率高,工件互换性也好。

1. 丝锥的结构

丝锥上开有 3~4 条容屑槽,这些容屑槽形成了切削刃和前角,如图 3-150 所示。

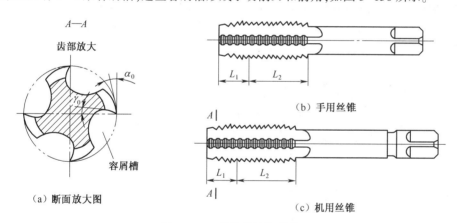

图 3-150　丝锥的结构形状

2. 丝锥的种类

丝锥的种类很多,但主要分手用丝锥[见图 3-150(b)]和机用丝锥[见图 3-150(c)]两大类。手用丝锥主要是钳工使用,这里主要介绍机用丝锥。机用丝锥与手用丝锥形状基本相同,只是在柄部多一环形槽,用以防止丝锥从攻丝工具中脱落。另外,其尾柄部和工作部分的同轴度比手用丝锥要求高。

由于机用丝锥通常用单只攻丝,一次成形效率高,而且机用丝锥的齿形一般经过螺纹磨床磨削及齿侧面铲磨,攻出的内螺纹精度较高、表面粗糙度值较小。此外,由于机用丝锥所受切削抗力较大,切削速度也较高,所以常用高速钢制作。

3. 攻螺纹前的工艺要点

1)攻螺纹前孔径 D 的确定

为了减小切削抗力和防止丝锥折断,攻螺纹前的孔径必须比螺纹小径稍大些,普通螺纹攻螺纹前的孔径可根据经验公式计算：

加工钢件和塑性较大的材料： $D_孔 \approx D - P$

加工铸件和塑性较小的材料： $D_孔 \approx D - 1.05P$

式中　D——大径；

　　　$D_孔$——攻螺纹前孔径；

　　　P——螺距。

2）攻制盲孔螺纹底孔深度的确定

攻制盲孔螺纹时，由于丝锥前端的切削刃不能攻制出完整的牙型，所以钻孔深度要大于规定的孔深。通常钻孔深度约等于螺纹的有效长度加上螺纹公称直径的 0.7 倍。

3）孔口倒角

钻孔或扩孔至最大极限尺寸后，在孔口倒角，直径应大于螺纹大径。

4. 攻螺纹的方法

在车床攻螺纹前，先找正尾座轴线，使之与主轴轴线重合。攻小于 M16 的内螺纹，先钻底孔，倒角后直接用丝锥一次攻成。如攻螺距较大的螺纹，钻底孔后粗车螺纹，再用丝锥进行攻制，也可以采用分丝锥切削法，即先用头锥，再用二锥和三锥分次切削。

攻螺纹工具的几种形式及适用范围。

简易攻螺纹工具（见图 3-151），由于没有防止切削抗力过大的保险装置，所以容易使丝锥折断，适用于通孔及精度较低内螺纹攻制。摩擦杆攻螺纹工具（见图 3-152），适用于盲孔螺纹攻制，在攻螺纹过程中，当切削力矩超过所调整的摩擦力矩时，摩擦杆则打滑，丝锥随工件一起转动，不再切削，因而有效地防止丝锥的折断。

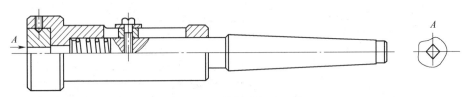

图 3-151　简易攻螺纹工具

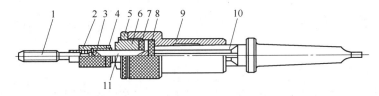

图 3-152　摩擦杆攻螺纹工具

1—丝锥；2—钢球；3—内锥套；4—锁紧螺母；5—并紧螺母；

6—调节螺栓；7、8—尼龙垫片；9—花键心轴；10—花键心轴；11—摩擦杆

使用攻螺纹工具时，先将工具锥柄装入尾座锥孔中，再将丝锥装入攻螺纹夹具中，然后移动尾座至工件近处固定。攻螺纹时，开车（低速）并充分浇注切削液，缓慢地摇动尾座手轮，使丝锥切削部分进入工件孔内，当丝锥已切入几牙后，停止摇动手轮，让丝锥工具随丝锥进给，当攻至所需要的尺寸时（一般螺纹深度控制可在丝工具上作标记），迅速开倒车退出丝锥。

5. 攻螺纹时切削速度的选择。

钢件和塑性较大的材料：2~4 m/min。

铸件和塑性较小的材料:4~6 m/min。

6. 切削液的选择

攻制钢件螺纹时,一般用硫化切削液、机油和乳化液;切削低碳钢或 40Cr 钢等韧性较大的材料,可选用工业植物油;切削铸件可以用煤油或不加切削液。

7. 在车床上攻螺纹技能训练

【练 3-3】　在车床上攻螺纹(见图 3-153)。

加工步骤:

(1)夹持外圆,找正,夹紧,车端面和外圆。

(2)用中心钻钻定位孔。

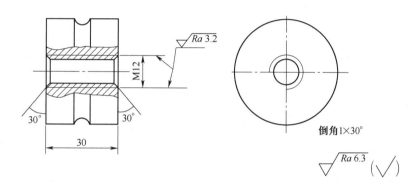

图 3-153　攻螺纹练习

(3)钻 φ25 mm 通孔。

(4)孔口倒角 1×30°。

(5)攻螺纹 M12。

(6)检查(目测螺纹是否有乱牙现象,再用螺纹塞规试配)。

(7)调头夹持外圆,车端面和外圆,控制长度 30 mm,倒螺纹孔口倒角 1×30°。

8. 注意事项

(1)选用丝锥时,要检查丝锥是否缺齿。

(2)装夹丝锥时,要防止歪斜。

(3)攻螺纹时,要充分加注切削液。

(4)攻制螺纹时,要分多次进刀,即攻进一段深度后随即退出丝锥,待清除切屑后再向里攻一段深度,直至攻好为止。

(5)攻制盲孔螺纹时,应在攻螺纹工具上作好深度记号,以防止丝锥顶到孔底面而折断。

(6)用一套丝锥攻螺纹时,要按正确顺序选用丝锥。在使用二锥和三锥前要消除螺孔内的切屑。

(7)严禁开车时用手或棉纱清除螺孔内的切屑,避免发生事故。

(8)丝锥折断的原因及防护措施。

①丝锥折断的原因:

● 攻螺纹前的底孔直径太小,切削余量太大。

● 丝锥轴线与工件轴线不重合,造成切削力不均匀,单边受力过大。

- 切削速度过高。
- 工件材料硬而黏性大,且没有很好的润滑。
- 在攻盲孔螺纹时,丝锥顶到孔底。

②预防措施:

- 按内螺纹小径最大极限尺寸扩孔。
- 攻螺纹前一定要调整尾座中心与工件旋转中心重合。
- 分多次进刀,要经常退出丝锥,清除切屑,并注意加切削液。
- 选用摩擦杆攻螺纹工具,其摩擦力调整要适当。
- 降低切削速度。

(二)在车床上套螺纹

1. 板牙的结构

套螺纹是指用板牙切削外螺纹的一种加工方法。用板牙套螺纹操作简便,生产效率高。板牙是一种标准的多刃螺纹加工工具,其结构形状如图 3-154 所示。它像一个圆螺母,其两侧的锥角是切削部分,因此正反都可使用,中间有完整的齿深为校正部分。

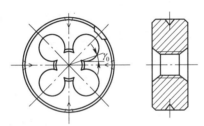

图 3-154　圆板牙

2. 套螺纹时外圆直径的确定

套螺纹时,工件外圆比螺纹的公称尺寸略小(按工件螺距大小决定)。套螺纹圆杆直径可按下列近似公式计算:

$$d_0 = d - (0.13 \sim 0.15)P$$

式中　d_0——圆柱直径,mm;

　　　d——螺纹大径,mm;

　　　P——螺距,mm。

3. 套螺纹的工艺要求

(1)用板牙套螺纹,通常适用于公称直径小于 16 mm 或螺距小于 2 mm 的外螺纹。

(2)外圆车至尺寸后,端面倒角要小于或等于 45°,使板牙容易切入。

(3)套螺纹前必须找正尾座,使之与车床主轴轴线重合,水平方向的偏移量不得大于 0.05 mm。

(4)板牙装入套丝工具时,必须使板牙平面与主轴轴线垂直。

4. 套螺纹的方法

用套螺纹工具套螺纹(见图 3-155)。

(1)先将套丝工具体 1 的锥柄部装在尾座套筒锥孔内。

(2)板牙 4 装入滑动套筒 2 内,将螺钉 3 对准板牙上的锥坑后拧紧。

(3)将尾座移到接近工件一定距离(约 20 mm)固定。

(4)转动尾座手轮,使板牙靠近工件端面。

（5）开动车床和冷却泵加注切削液。

（6）转动尾座手轮使板牙切入工件,当板牙已切入工件就不再转动手轮,仅由滑动套筒在工具体的导向键槽中随着板牙沿着工件轴线向前切削螺纹。

（7）当板牙进入所需要的位置时:开反车使主轴反转,退出板牙,销钉 5 用来防止滑动套筒在切削时转动。

5. 切削用量

按下述选择。

钢件:3~4 m/min;铸件:2~3 m/min;黄铜:6~9 m/min。

6. 切削液的选用

切削液的选用与攻螺纹时相同。

7. 在车床上套普通螺纹的技能训练

【练 3-4】　在车床上套钢件普通粗牙螺纹(见图 3-156)。

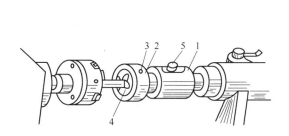

图 3-155　在车床上套螺纹
1—工具体;2—滑动套筒;3—螺钉;4—板牙;5—销钉

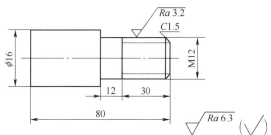

图 3-156　套螺纹练习

加工步骤:

（1）夹 $\phi 16$ mm 外圆,找正并夹紧车端面。

（2）粗、精车外圆至尺寸(12-0.13×1.75) mm,长 42 mm。

（3）倒角 C1.5。

（4）用简易套丝工具、M12 板牙套螺纹。

（5）检查(目测是否有乱牙现象)。

8. 套螺纹时的注意事项

（1）检查板牙的齿形是否有损。

（2）装夹板牙不能歪斜。

（3）塑性材料套螺纹时,应加注充分切削液。

（4）套螺纹工具在尾座套筒中要装紧,以防套螺纹时切削力矩过大,使套螺纹工具锥柄在尾座内打转,从而损坏尾座锥孔表面。

【思考与练习】

1. 什么叫螺纹?在车床上如何车削螺纹?

2. 普通螺纹与英制螺纹有何区别?

3. 写出螺纹牙型角、螺距、中径、螺纹升角的定义和代号?

4. 三角形螺纹按其规格及用途不同,一般可分成哪三种?

5. 车螺纹时,车刀左、右两侧后角会产生什么变化?怎样确定两侧后角刃磨时的角度值?

6. 车螺纹时,车刀左、右两侧前角会发生什么变化?如何改进?

7. 低速车螺纹有哪些方法?各有哪些优缺点?并说明适用场合?

8. 用硬质合金车刀高速车削螺纹时,刀尖角是否等于牙型角?为什么?

9. 测量三角形外螺纹中径可用哪些方法?一般采用哪种方法较为方便?

10. 车螺纹时产生乱牙的原因是什么?怎样防止乱牙?

11. 在车床上攻螺纹应选什么攻丝工具?它可以防止攻丝过程中可能发生的什么事故?

12. 在车床上用板牙套螺纹应注意哪些事项?

项目 **4** 刨 工 实 训

📖 项目导读

刨削加工是在刨床上用刨刀切削工件的加工方法。刨削时,其主运动是直线往复运动,在回程时,刨刀不进行切削。进给运动是间歇的横向移动。刨削速度不高,生产率较低,但在龙门刨床上刨削狭长平面时的生产率高于铣削。

由于刨床与刨刀的结构比较简单,使用方便,价格低廉,刨削时不用切削液,故在单件小批量生产和修配工作中得到了广泛应用。

刨床主要用来加工平面、斜面、沟槽及成形面等,牛头刨床的加工范围如图4-1所示。刨削加工的工件尺寸公差等级一般为IT9~IT8,表面粗糙度 Ra 值为 6.3~1.6 μm,采用宽刀精刨时 Ra 值可达 0.8 μm。

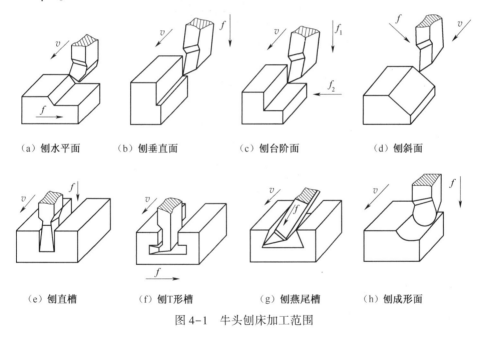

（a）刨水平面　　　（b）刨垂直面　　　（c）刨台阶面　　　（d）刨斜面

（e）刨直槽　　　（f）刨T形槽　　　（g）刨燕尾槽　　　（h）刨成形面

图4-1　牛头刨床加工范围

📝 学习目标

1. 熟悉刨床的基本构成、刨削的加工范围、刨刀的种类和用途。
2. 掌握刨床滑枕往复速度、行程起始位置、行程长度、横向自动进给量的调整方法。
3. 能够正确进行工件装夹,并能正确选择刨刀的种类与安装。
4. 掌握刨削水平面、垂直面、斜面等的技巧和方法。
5. 养成文明生产的良好工作习惯和严谨的工作作风。

任务　水平面、垂直面和斜面的刨削

【相关知识与技能】

一、基本知识

(一)牛头刨床的组成

牛头刨床的外形如图4-2所示。它由床身、滑枕、刀架、横梁和工作台等部分组成。

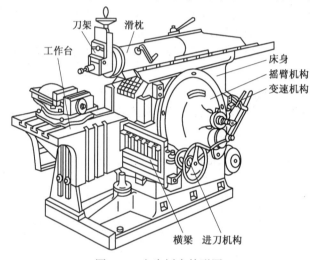

图 4-2　牛头刨床外形图

1. 床身

床身与底座铸成一体,用来支承与连接刨床各部件。顶面有燕尾形导轨,供滑枕往复运动,前面有垂直导轨,供横梁与工作台升降用,床身内部装有传动机构及润滑油。

2. 滑枕

滑枕前端装有刀架和刨刀,可沿床身导轨作往复直线运动。

3. 刀架

如图4-3所示,刀架由刻度转盘、溜板、刀座、抬刀板、刀夹和手柄等组成。其作用是夹持刨刀。摇动手柄可使溜板沿转盘上的导轨上下移动,以调整切深或作垂直进给用。松开转盘锁紧螺母,可将转盘扳转一定角度,以便使刀架做斜向移动。刀座在溜板上可以偏转。抬刀板可绕刀座上的轴向上抬起,刨刀装在刀夹中。

4. 横梁

横梁用来带动工作台垂直移动,并作为工作台的水平移动导轨,以调整工件与刨刀的相对位置。

5. 工作台

工作台用来安装工件,并可沿横梁水平导轨作横向进给运动。

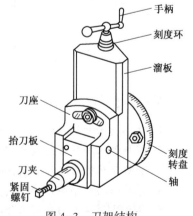

图 4-3　刀架结构

(二)牛头刨床的传动机构简介

1. 摇臂机构

摇臂机构的作用是把电动机传来的旋转运动变成滑枕的往复直线运动。摇臂机构如图 4-4 所示,它由摇臂齿轮、摇臂、偏心滑块等组成。当摇臂齿轮由小齿轮带动旋转时,摇臂齿轮上的偏心滑块就带动摇臂绕支架中心左右摆动,同时推动滑枕作往复直线运动。欲改变滑枕行程 L,可调节偏心距 R 的大小。R 越大,滑枕行程越长。调节偏心滑块位置的机构如图 4-5 所示。

欲改变滑枕行程的起始位置,可松开滑枕上的锁紧手柄(见图 4-4),用摇把转动方头,并带动丝杠旋转即可。

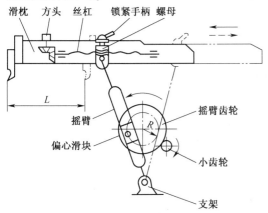

图 4-4　摇臂机构示意图

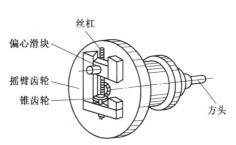

图 4-5　调节偏心滑块位置的机构

2. 棘轮机构

棘轮机构用来使工作台实现机动间歇水平进给运动,其结构如图 4-6 所示。

棘爪架空套在横向进给丝杠上,棘轮则用键与丝杠连接。齿轮 A 与摇臂齿轮同轴旋转,当齿轮 B 被齿轮 A 带动旋转时,通过偏心销、连杆使棘爪架往复摆动。摇臂齿轮每转一周,使棘爪架摆动一次,并由棘爪拨动棘轮带动丝杠转一角度,同时由丝杠通过螺母带动工作台作水平横向自动进给运动。

欲调节横向自动进给量,可调节偏心销的偏心距 r;另一种简便的方法是调节棘轮罩的位置(见图 4-7),以改变棘爪拨过棘轮的齿数,即改变横向丝杠转角。

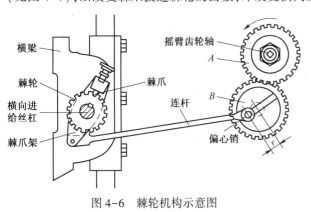

图 4-6　棘轮机构示意图

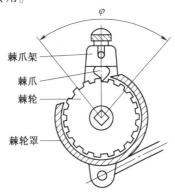

图 4-7　用棘轮罩调节进给量

欲改变进给方向,可拔出棘爪转 180° 再插入即可。

提起棘爪并转 90°,机动进给停止,此时可用手摇动横向进给丝杠,使工作台横向移动。

(三)其他刨床简介

1. 龙门刨床

龙门刨床(见图4-8)主要用来刨削大型工件或一次刨削数个中、小型零件。

加工时,工件装夹在工作台上,工作台常用直流电动机通过减速器及齿轮、齿条驱动,作直线往复运动(主运动)。两个垂直刀架和两个侧刀架,装刀后可同时作水平和垂直进给,也可单独进给。

龙门刨床配有一套直流发电机组和复杂的电气装置,使工作台作自动无级调速运动(液压龙门刨床的工作台是用液压驱动的);刨削时,使工件慢速接近刨刀,切入工件后,增加到要求的切削速度;最后使工件慢离刨刀,接着工作台快速退回,同时使刨刀自动抬起,以减小与工件表面的摩擦。

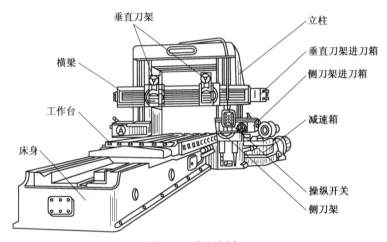

图4-8 龙门刨床

2. 插床

插床(见图4-9)主要用于单件小批生产中,插削键槽、方孔和多边形孔等内表面。加工时,插刀装夹在滑枕的刀架上作垂直直线往复运动。工件装夹在工作台上,可作纵向、横向和圆周进给运动。

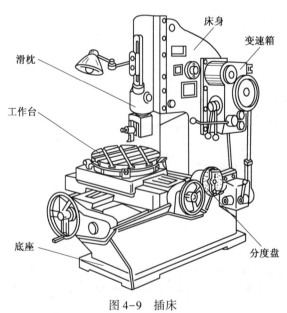

图4-9 插床

(四)刨刀的种类和用途

刨刀的种类很多,按刀杆的形状可分为直杆和弯杆两种(见图4-10)。

刨刀一般制成弯杆,弯杆刨刀受到较大切削力时,刀杆绕 O 点向后弯曲变形,可避免啃伤工件或崩坏刀头。

刨刀按用途不同可分为平面刨刀、偏刀、角度偏刀、切刀、弯头切刀、双面刃刀、内孔刨刀、圆弧刨刀和成形刨刀等。常用刨刀的形状及用途见表4-1。

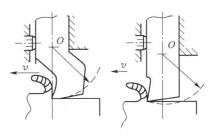

（a）弯杆刨刀　　（b）直杆刨刀

图4-10　弯杆及直杆刨刀变形示意图

表4-1　常用刨刀的形状及用途

刨 刀 名 称	简 图	用 途
平面刨刀		刨平面及倒角
偏刀		刨垂直面、斜面或台阶面
角度偏刀		刨斜面、刨燕尾槽
切刀		切槽、割槽、切断
弯头切刀		刨T形槽
圆弧刨刀		刨曲面

刨刀名称	简　图	用　途
成形刨刀		刨成形面

二、基本操作

（一）刨水平面

在 B665 型牛头刨床上,刨水平面的步骤及操作要点见表 4-2。

表 4-2　刨水平面的步骤及操作要点

序号	工步名称	简　图　或　表	选择与操作要点
1	选择与安装刨刀		选择刨刀:为避免"啃伤"工件或"崩刃",常选用弯杆平面刨刀。 操作要点: 1. 刀头伸出要短; 2. 转盘对准零线
2	选择夹具安装工件	(a) 　(b) 　(c)	选择夹具: 1. 小件用平口钳装夹[见图(a)]; 2. 较大工件,直接用螺栓,压板装夹在工作台上[见图(b)]。 操作要点: 1. 将平口钳装在工作台上,找正; 2. 刨矩形小件时,借助垫铁和圆棒装夹找正[见图(c)]; 3. 刨薄板工件时,借助楔铁和垫铁夹紧工件[见图(d)]; 4. 用螺栓压板时,各压板螺栓松紧适当; 5. 压板不准歪斜或悬伸太长[见图(e)]; 6. 工件前端加挡铁[见图(b)]

序号	工步名称	简　图　或　表	选择与操作要点
3	选择切削用量	（d） A=B　正确 歪斜　太宽　垫铁太高　错误 （e） <table><tr><td>工序</td><td>a_p/mm</td><td>f/(mm/dstr)</td><td>$V_{平均}$/(m/s)</td></tr><tr><td>粗刨</td><td>2~3</td><td>0.3~3</td><td>0.2~0.6</td></tr><tr><td>精刨</td><td>0.15~0.3</td><td>0.1~0.3</td><td>0.13~0.2</td></tr></table> 表中　a_p——刨削深度； f——进给量，即刨刀往复一次工件移动的距离，mm/dstr； V——平均滑枕刨削速度，m/s。 $$N = \frac{60v}{0.001\ 7L}\ (\text{dstr/min})$$ N——滑枕每分钟往复行程数，dstr/min； L——滑枕行程长度，mm	选择切削用量的原则：切削速度 v 与 f、a_p、刀具材料和要求的表面质量等有关。 1. 粗加工时常选较大的 a_p 和 f，选较小的 v； 2. 精加工时，选较大的 v 和较小的 a_p 和 f； 3. 用硬质合金刀时，v 可高些； 4. 加工钢件时，v 可高些； 5. 可根据刨床的速度铭牌，调节 L 与 N
	调整机床	方头　锁紧螺栓 （a）调整工作台高度	1. 松开工作台支架上的锁紧螺栓； 2. 用摇把转动工作台升降丝杠的方头； 3. 调好高度后，再锁紧螺栓

序号	工步名称	简 图 或 表	选择与操作要点
	调整机床	 （b）调整滑枕行程	1. 松开锁紧螺栓； 2. 用摇把转动摇臂齿轮中心的方头，改变滑块销轴偏心距 R，从而改变 L。 L=刨入量（15～25）mm+工件长+刨出量（10～15）mm
		 （c）调整滑枕起始位置	1. 松开锁紧手柄； 2. 用摇把摇动滑枕上的方头； 3. 调好后，用锁紧手柄锁紧。
		 （d）调整工作台机动进给量	调整棘轮罩的开口位置，以改变棘爪每次拨动棘轮的齿数（1～10齿）即 f=0.33～3.3 mm。
		 （e）调整切深（a_p）	1. 轻微松动锁紧螺杆； 2. 摇动刀架手柄，调整时，注意消除丝杠与螺母的间隙，调整方法同车床
		（f）调整滑枕往复次数（次/分）	调整变速手柄至准确位置
4	刨削	 （a）试刨、测量	工序分段： 根据图纸要求，选粗刨（Ra12.5 μm以下）或粗刨后精刨（Ra12.5 μm）两步（粗刨后留精刨量0.1～0.5 mm）。 操作要点： 1. 手动进给试切 0.5～1 mm 宽，停车测量高度；

序号	工步名称	简 图 或 表	选择与操作要点
		（b）退件、调a_p （c）横向进给	2. 工件水平退回到初始位置，摇动刀架手柄，垂直进刀； 3. 机动横向进给。 　如果采用手动横向进给，应在刀具回程完毕和工作行程开始这段时间进行
5	检验		停车测量尺寸，合格后卸下工件

（二）刨垂直面和斜面

刨垂直面和斜面的方法和操作要点见表4-3。

表4-3　刨垂直面和斜面的方法和操作要点

序号	工步名称	加 工 简 图	操 作 要 点
1	刨垂直面	角尺 （a） 偏刀　刀座上部转离加工面 转盘准确对准零线 （b）	1. 用刀夹装夹划针，按工件的划线安装工件并找正[见图（a）]，保证待加工面与工作台面垂直，并与切削方向平行； 2. 使刀架转盘对准零线，以保证刨刀沿垂直方向进给； 3. 使刀座上端偏离工件，以便刨刀回程抬刀时，能离开工件已加工表面[见图（b）]； 4. 安装左偏刀，刀杆伸出的长度应便于加工整个垂直面； 5. 调切深可摇动横向进给丝杠； 6. 提起棘爪，固紧工作台； 7. 垂直进给只能用手转动刀架手柄

序号	工步名称	加 工 简 图	操 作 要 点
2	刨斜面	30° 35 30 25 60° 工作台	刨削方法与刨垂直面基本相同,不同的是:刀架转盘必须扳动一定角度,以便刨出所需角度的斜面
3	检验		停车测量,分别用直角尺和角尺测量

三、操作示例

小批生产 V 形块(见图 4-11),刨削步骤如表 4-4 所示。

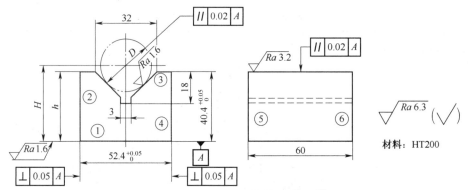

$H = h + 0.0707D - 16$

注:图中①~⑥是为了便于看清加工步骤而加的。

图 4-11　V 形块

材料:HT200

表 4-4　刨削 V 形块的步骤和要点

序号	加工内容	简 图	刀具	操 作 要 点
1	刨基准面①至尺寸 41.9 mm	41.9	平面刨刀	1. 以平面④为粗基准,紧贴固定钳口,③面加垫铁,夹牢工件; 2. 粗刨表面①; 3. 半精刨表面①

续表

序号	加工内容	简　图	刀具	操　作　要　点
2	刨平面②至尺寸 53.9 mm	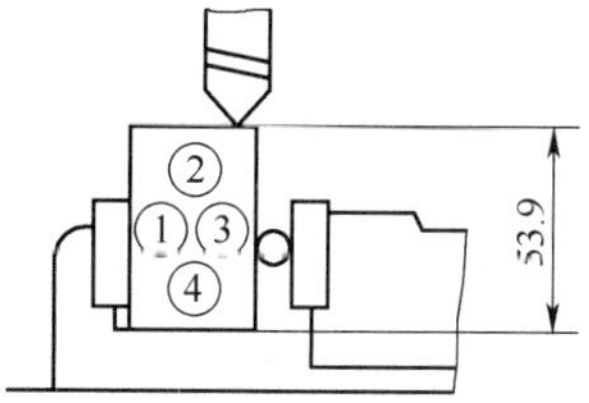	平面刨刀	1. 以平面①为精基准,紧贴固定钳口; 2. 在③面处加圆棒; 3. 夹紧时用手锤轻轻敲止工件
3	刨平面④至尺寸 $52.4_0^{+0.05}$ mm	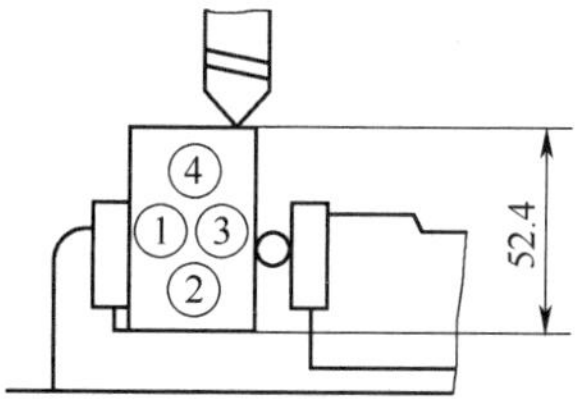	平面刨刀	1. 以平面①为精基准,紧贴固定钳口; 2. 面②紧贴平行垫铁或钳口导轨面上; 3. 在③面处加圆棒夹紧工件
4	刨平面③至尺寸 $40.4_0^{+0.05}$ mm	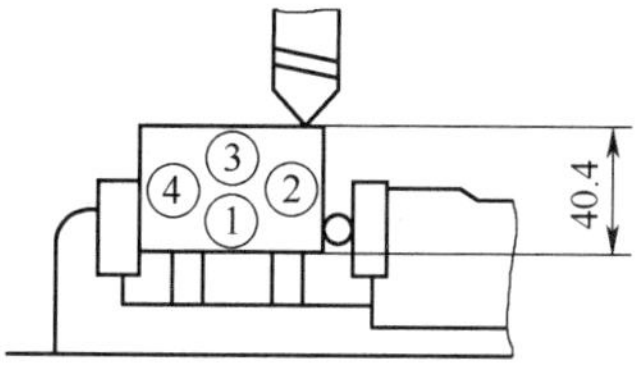	平面刨刀	以平面①为精基准,紧贴于平行垫铁,按图示方法夹紧工件
5	刨端面⑤至尺寸 62 mm	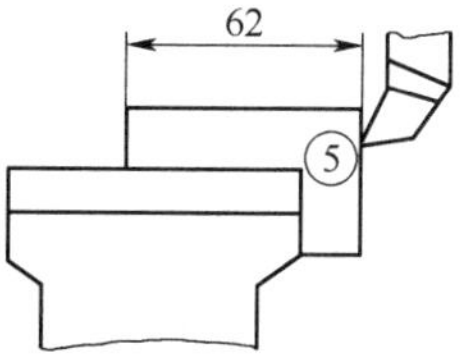	左偏刀	将固定钳口调至与刀具行程方向垂直的位置; 将工件贴于钳口导轨面上夹紧
6	刨端面(6)至尺寸 60 mm	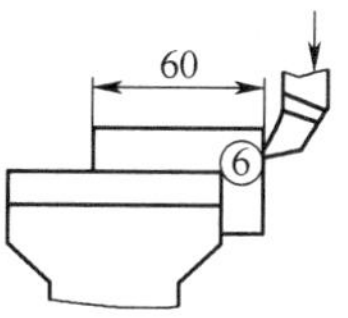	左偏刀	将工件掉头,并贴于钳口导轨面上夹紧
7	划线	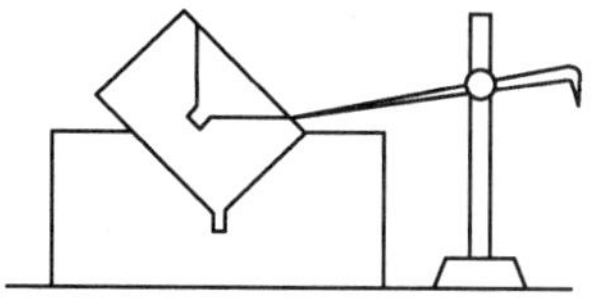		在平台上用划针和 V 形块,划出 V 形槽的加工线,打上样冲眼
8	粗刨 V 形槽	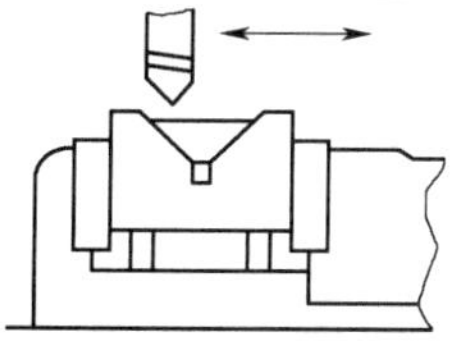	平面刨刀	手动左右横向走刀,切去槽中大部分余量

序号	加工内容	简　图	刀具	操　作　要　点
9	切槽至尺寸 18×3 mm	18×3	切槽刀	用切槽刀对准 V 形块底中心线,垂直进刀
10	精刨斜面		左偏刀	将刀架转盘扳转 45°后,刀座上端偏离中心线扳一角度,摇动刀架手柄,刨削后,用单边样板检验角度
11	精刨另一斜面		右偏刀	将刀架转盘和刀座向反方向扳角度,装右偏刀刨削
12	检验			用终检样板检验,合格后,卸下工件

四、典型零件

下列各图所示零件,均采用小批生产方式加工,试拟定刨削加工步骤。

(一)冲击试样

冲击试样的零件图如图 4-12 所示,材料为 Q235-A。

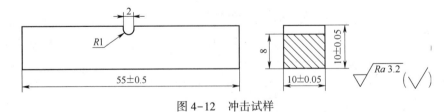

图 4-12　冲击试样

(二)小钉锤头

小钉锤头坯料图,如图 4-13 所示。该坯料可供学生实训钳工时用。

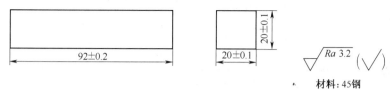

图 4-13　钉锤头坯料图

【思考与练习】

1. 简述刨削加工的特点及应用范围。

2. 简述牛头刨床的构造、运动及各部分的作用。

3. 大多数刨刀刀杆都做成弯头的,为什么?

4. 牛头刨床刀具往复运动速度是否相同?为什么?如何调整刀具的刨削速度、行程长度和起始位置?

5. 如何调节牛头刨床工作台的横向自动进给量?

6. 简述刨削平面的全过程。

7. 简述龙门刨床和插床的构造、运动和加工范围。

项目 **5** 铣 工 实 训

项目导读

　　铣削加工是在铣床上,用旋转的铣刀切削工件的加工方法。铣削时,铣刀的旋转为主运动,工件的移动为进给运动。

　　由于铣刀是多刃旋转刀具,铣削时,有多个刀齿同时参加切削,每个刀齿又可间歇地参加切削和轮流进行冷却。因此,铣削可采用较高的速度,铣削生产率比刨削高,常用于成批大量生产。除加工狭长平面以外,可加工平面、台阶、沟槽、齿轮和成形面等,如图5-1所示。

　　铣削加工工件尺寸精度等级一般为IT9~IT8,表面粗糙度 Ra 值为6.3~1.6 μm。

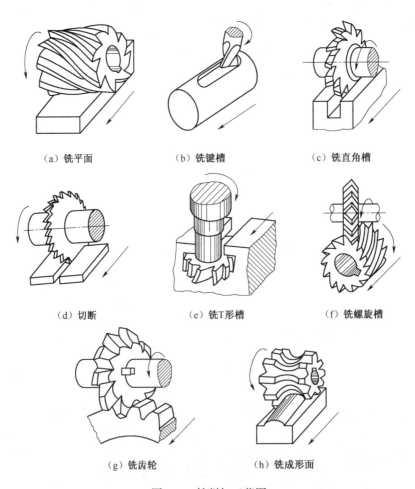

　（a）铣平面　　　　　（b）铣键槽　　　　　（c）铣直角槽

　　（d）切断　　　　（e）铣T形槽　　　　（f）铣螺旋槽

　　（g）铣齿轮　　　　（h）铣成形面

图5-1　铣削加工范围

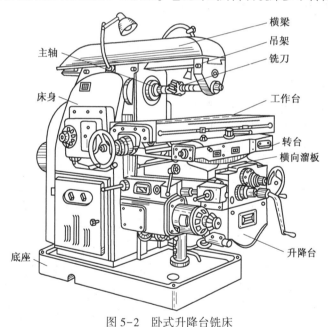

学习目标

1. 熟悉铣床的结构、铣刀的种类与用途。
2. 能够熟练进行工件的找正与装夹。
3. 能够合理选择铣削用量。
4. 养成文明生产的良好工作习惯和严谨的工作作风。

任务　平面和齿轮的铣削

【相关知识与技能】

一、基本知识

(一)铣床

铣床的种类很多,常用的有卧式升降台铣床及立式升降台铣床。

1. 卧式升降台铣床

卧式万能升降台铣床的外形如图 5-2 所示。它比卧式升降台铣床多了转台部分,其组成如下。

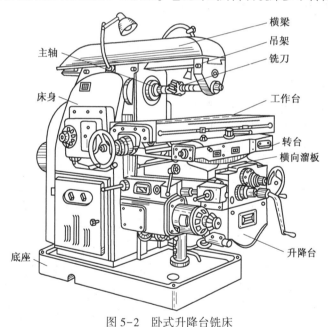

图 5-2　卧式升降台铣床

1)床身

用来支承和连接铣床的各部件。床身顶面有供横梁移动的燕尾形水平导轨;前壁的燕尾形垂直导轨,供升降台上下移动用。床身的后面装有电动机,内部装有主轴变速箱、主轴、电器装置和润滑油泵等部件。

2)横梁

横梁上装有吊架,用以支持刀杆的外伸端,以减少刀杆的弯曲和颤动,根据刀杆的长度可以调整吊架的位置或横梁伸出长度。若将横梁移至床身后端,可在主轴头部装上立铣头,作为立式铣床用。

3)主轴

主轴是空心的,前端有锥孔用来安装刀杆,并带动铣刀旋转。

4)升降台

用来支承和安装横溜板、转台和工作台,并带动它们沿床身的垂直导轨上下移动,以调整台面与铣刀间的距离。升降台内部装有进给运动电动机及传动系统。

5)横溜板

用来带动工作台在升降台的水平导轨上作横向移动,以便调整工件与铣刀的横向位置。

6)转台

上面有燕尾形水平导轨,供工作台作纵向移动,下面与横溜板用螺栓相连,松开螺栓,可使转台带动工作台水平旋转一个角度(最大为±45°),以使工作台做斜向移动。

7)工作台

用来安装工件和夹具。台面上有 T 形槽,槽内放入螺栓可紧固工件或夹具。台面下部有一根传动丝杠,通过它使工作台带动工件作纵向进给运动。工作台的前侧面有一条 T 形槽,用来固定与调整挡铁的位置,以便实现机床的半自动操作。

8)底座

底座是铣床的基础部件,用以连接固定床身及升降丝杠座,并支承其上部的全部质量。底座内可存放切削液。

万能升降台铣床可以手动或机动作纵向(或斜向)、横向和垂直方向的运动;工作台在三个方向的空行程,均可快速移动,以提高生产率。

2. 立式升降台铣床

立式升降台铣床的外形如图 5-3 所示。它与卧式升降台铣床的主要区别是主轴垂直于工作台,立铣头还可在垂直平面内偏转一定角度,从而扩大了铣床的加工范围。其他部分与卧式升降台铣床相似。

(二)分度头

1. 分度头的功用

分度头是铣床的常用附件之一,主要用来对零件进行分度和转角。如铣削齿轮、花键、多边形、斜面;它与工作台联动时,还可铣螺旋槽。

2. 分度头的构造原理

FW250 型万能分度头的外形如图 5-4 所示。它由底座、回转体、主轴和分度盘等组成。

分度头主轴前端的锥孔内可安装顶尖,外部有螺纹可安装卡盘,用来装夹工件。分度头回转体可带动主轴在垂直面内旋转至 90°角。分度盘的两面都有多圈孔数不同的等分小孔。

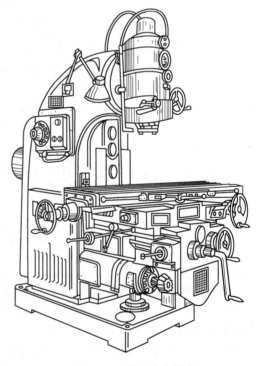

图 5-3　立式升降台铣床

分度头的传动系统如图 5-5 所示。分度时,拔出定位销,摇动手柄可使蜗杆带动蜗轮和主轴转动,手柄每转 40 转,主轴可转 1 转。其传动比为 1 : 40。

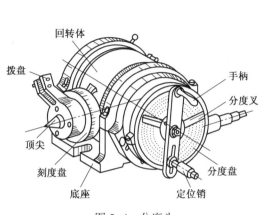

图 5-4　分度头

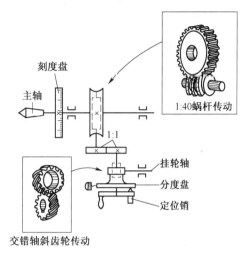

图 5-5　分度头的传动系统

若工件的等分数为 2,则工件每分一等份应转 1/2 转,此时手柄应摇过的圈数为 n,并得下列关系式

$$1 : 40 = 1/z : n$$

即 $n = 40/z$。

3. 分度方法

使用分度头进行分度的方法有直接分度法、简单分度法、角度分度法、差动分度法和近似分度法等。

下面仅介绍最常用的简单分度法,其计算公式为:

$$n = 40/z$$

例如,若铣削 $z = 35$ 的齿轮,每次分度时,手柄应摇过的转数为:

$$n = 40/z = 40/35 = 8/7 = 1\frac{1}{7}（转）$$

由于 n 不全是整数,其中非整数转数应借助分度盘来摇动手柄。

FW250 型分度头备有两块分度盘,其各圈孔数为:

第一块正面:24、25、28、30、34、37;

第一块反面:38、39、41、42、43。

第二块正面:46、47、49、51、53、54;

第二块反面:57、58、59、62、66。

由此可得:用第一块分度盘正面的 28 孔圈,1/7×28 = 4,即利用孔数为 28 的孔圈,将手柄转过 1 转后,再转过 4 个孔距。简单分度时,分度盘固定不动。

为了使分度迅速准确,可借助分度叉作分度定位。分度叉的使用方法如图 5-6 所示。

若工件的等分数为 61、63、67 等数,与分度头定数 40 不能相约,或相约后分度盘上没有所需要的孔圈时,就不能用简单分度法了。

(三)铣刀的种类和用途

铣刀的种类和分类方法很多,按铣刀的用途和形状可分为圆柱铣刀、端面铣刀、立铣刀、键槽

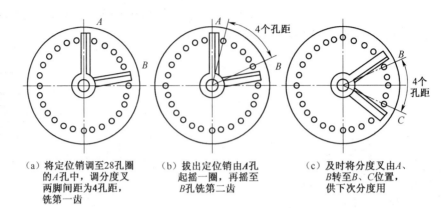

(a) 将定位销调至28孔圈
的A孔中，调分度叉
两脚间距为4孔距，
铣第一齿

(b) 拔出定位销由A孔
起摇一圈，再摇至
B孔铣第二齿

(c) 及时将分度叉由A、
B转至B、C位置，
供下次分度用

图5-6 分度叉的使用方法

铣刀、T形槽铣刀、成形铣刀、角度铣刀、三面刃铣刀和锯片铣刀等。其形状及用途如表5-1所示。

表5-1 常用铣刀的形状及用途

铣刀名称	简 图	用途
圆柱铣刀		铣平面
端面铣刀		铣平面、端面、斜面
立铣刀		铣沟槽、台阶面
键槽铣刀		铣键槽
T形槽铣刀		铣T形槽
成形铣刀		铣成形面
角度铣刀		铣燕尾槽、V形槽、开齿、刻线
三面刃铣刀		铣开式槽、小平面、台阶面

铣刀名称	简　图	用途
锯片铣刀		切断、切槽

二、基本操作

(一)铣平面

铣平面可在卧式升降台铣床或立式升降台铣床上进行。在卧式升降台铣床上切削平面的步骤及操作要点如表 5-2 所示。

表 5-2　铣削平面的步骤及操作要点

序号	工步名称	简图或表	选择与操作要点
1	选择与安装铣刀	(a) 垫圈　铣刀　键　轴向力 刀杆 (b) (c) 紧固螺钉 (d) (e)	选择铣刀： 常用圆柱螺旋铣刀。 操作要点： 1. 擦净刀杆、铣刀和主轴锥孔,将刀杆装入主轴孔中,并用拉杆螺栓拉紧; 2. 在刀杆上先套入几个垫圈,装上键,再套上铣刀,铣刀尽量靠近床身,并注意切削刃的螺旋方向与主轴转向一致,所产生的轴向力方向应指向主轴孔; 3. 再装上几个垫圈,用手拧上螺母; 4. 装上吊架,拧紧紧固螺钉,加润滑油于轴承孔内; 5. 初步拧紧螺母,开车观察铣刀是否装正,刀杆是否弯曲,调整后方可用力拧紧螺母

序号	工步名称	简图或表	选择与操作要点
2	选择夹具安装工件	参见表 4-2	选择夹具： 根据零件的形状、尺寸和加工要求，选择平口钳、螺母和压板等。 操作要点： 使用平口钳或螺栓压板装夹工件的方法和要点与刨水平面的装夹方法相似，可参见表 4-2
3	选择切削用量	见下表	选择铣削用量： v_c 与 f、a_p、刀具材料、表面质量等有关。 1. 精铣时，a_p 和 f 选较小些，v_c 高些； 2. 用硬质合金刀时，v_c 取高些 f 取低些； 3. 加工钢件时，v_c 可高些

粗精刨数值切削量	粗铣	精铣	附注	
侧吃刀量 A_e/mm	2~3	0.5~1	a_c	
进给量 F_z/(mm/每齿)	0.05~0.1		钢件	调整预选手轮
	0.07~0.25		铸铁	
f/mm/r		0.3~1.2	高速钢刀	铣钢件
		0.2~1		铣铸铁
切削速度 v_c/(m/s)	0.25~0.75	0.35~1	高速钢刀	换算成 n 后调主轴预选手轮及换挡手把
	2~3	2.5~4	硬质合金刀	

$$转速\ n = 60\ \frac{1\,000 V_c}{\pi D}\ (\text{r/min})$$

调整机床	调整切削深度 	操作要点：摇升降台手把，调整工件与刀的相对位置；升降台手把刻度盘每格为 0.02 m

序号	工步名称	简图或表	选择与操作要点
3	调整机床	**调整转速** 　手把　手轮	1. 拉开手把至位置Ⅰ； 2. 转动手轮,使所需转数对准▼标记,停止主电动机旋转; 3. 返回快推手把至Ⅱ,后慢推至Ⅲ
		调整进给量 	1. 初步拉出手轮; 2. 转动手轮,使所需速度值对准▼标记,停止进给电动机旋转。 3. 拉手轮至极限位置。 4. 推回手轮
4	铣削	 　（a）　　　　（b） 　（c）　　　　（d） 　（e）　　　　（f）	铣削步骤: 1. 开车使铣刀旋转,升高工作台,使铣刀轻微接触工件; 2. 纵向退出工件,停止主电动机旋转,将垂直进给丝杆刻度盘对准零线; 3. 按铣削深度升高工作台,紧固升降与横向进给手柄; 4. 调整纵向工作台侧面的机动停止挡块,启动主电动机,先手动纵向进给,当工件被轻微切入后,改为自动进给; 5. 自动停止进给,手动下降工作台; 6. 纵向退回工作台,测量工件尺寸,观察表面质量,重复铣削,合格为止。 注意事项: 1. 为防止铣废工件,先试铣一刀; 2. 测量工件,必须停止刀具旋转; 3. 铣削中途不准停止进给,否则出现"深啃"现象。如必须停止进给,应先降下工作台

(二)铣 齿 轮

在卧式铣床上利用分度头,铣削 9 级精度以下的一般直尺圆柱齿轮的步骤及操作要点如表 5-3 所示。

表 5-3　铣齿轮的步骤及操作要点

序号	工步名称	简　图　或　表									选择与操作要点
1	检查齿坯										1. 检查外径与内径; 2. 检查同轴度与垂直度
2	选择附件装夹工件										1. 将工件安装在芯轴上,芯轴与齿坯孔的配合为 H7/h6; 2. 安装并找正分度头和顶尖,使其连线平行于工作台面,垂直于刀杆; 3. 将芯轴与工件装夹于分度头上
3	选择安装的铣刀	模数盘铣刀刀号的选择									1. 每种模数都有 8(或 15)把刀,按齿数选刀号; 2. 按逆铣方式将刀杆装夹在刀架上,并严格校正,使径向跳动<0.05 mm,否则影响齿轮表面质量
		铣刀号数	1	2	3	4	5	6	7	8	
		铣削齿数范围	12/13	14/16	17/20	21/25	26/34	35/54	55/135	135以上	
4	选择铣削用量,调整机床										1. 按铣平面切削用量的 70%～80% 选择; 2. 使铣刀中心平面对准工件中心线,调整时,先将铣刀一端面对准工件中心线,然后移进 1/2 铣刀厚度即可

序号	工步名称	简 图 或 表	选择与操作要点
5	分度计算,调整分度头	简单分度法,手柄转数计算公式为: $$n = 40/z$$	将分度盘定位销和分度叉调至选定位置
6	铣削	试铣 	为防止分度失误,先让铣刀在工件表面上按分度位置轻轻切出划痕。分度完毕,看齿距是否相等;为了节省时间,也可铣出 3~4 个浅痕,按公式 $P = \pi D/Z$ 近似测量齿距,看分度是否正确 1. 对 $m \leq 3$ 的齿轮可分粗、精铣两步,也可一次精铣至尺寸要求,粗铣时应给精铣留 0.3~0.5 mm 的余量。铣削的方法是,先纵向退出工件,将工作台升高约一个齿高 $(H-0.5)$ 纵向进给,每铣一齿,分度一次,直至铣完; 2. 当 $\alpha = 25°$ 时,精铣前工作台升高高度为 $h = 1.46(L_1-L)$,其中: L_1——实测公法线长 L——要求的公法线长 3. 铣出几个齿后,检查 L 合格后,方可继续铣削
7	检验		按规定的跨齿数测量 L,合格后拆下工件

三、操作示例

图 5-7 为单件、小批生产的 45 号钢齿轮,其加工步骤如表 5-4 所示。

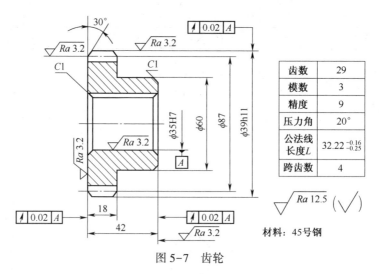

图5-7 齿轮

齿数	29
模数	3
精度	9
压力角	20°
公法线长度 L	$32.22^{-0.16}_{-0.25}$
跨齿数	4

材料：45号钢

表5-4 用模数铣刀铣齿轮的步骤

序号	加工内容	简　图	夹具	刀具	量具
1	试铣： 在外圆表面轻轻划痕（3~4个）近似测量划痕间距 $P = \pi D/Z$ 或全部划痕，观察是否等分。分度时，手轮摇过 $n = 40/z = 40/28 = 1\frac{12}{28}$		分度头 φ24h6 芯轴	$m = 25$ 号盘装模具铣刀	齿轮千分尺或游标卡尺
2	粗铣： 在齿高方向留精铣余量0.5 mm，即深切为4 mm		分度头 φ24h6 芯轴	$m = 25$ 号盘装模具铣刀	
3	测量公法线 L_1				齿轮千分尺或游标卡尺
4	精铣： 切深为 $h = 1.46(L_1 - L)$ $= 1.46 \times (L_1 - 32.22^{-0.16}_{-0.25})$		分度头 φ24h6 芯轴	$m = 25$ 号盘装模具铣刀	

序号	加工内容	简　　图	夹具	刀具	量具
5	检验： $L = 32.22_{-0.25}^{-0.16}$ mm				齿轮千分尺或游标卡尺

四、典型零件

下例零件均采用小批量生产方式加工,试拟定铣削步骤并加工出合格零件或表面。

(一)V 形块(见图 5-8)

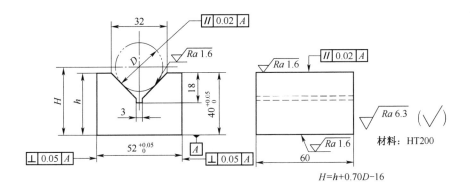

图 5-8　V 形块

(二)哑铃头(见图 5-9)

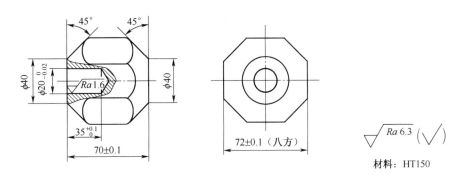

图 5-9　哑铃头

（三）齿轮（见图 5-10）

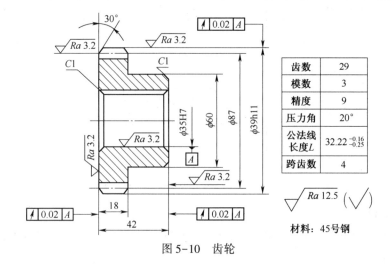

齿数	29
模数	3
精度	9
压力角	20°
公法线长度 L	32.22 $^{-0.16}_{-0.25}$
跨齿数	4

$\sqrt{Ra\ 12.5}$ $\left(\sqrt{}\right)$

材料：45号钢

图 5-10　齿轮

【思考与练习】

1. 与刨削加工比较，铣削有何特点？应用范围如何？

2. 万能分度头有几种分度方法？如何进行简单分度？举例说明。

3. 如何安装铣刀和工件？

4. 铣刀的种类有哪些？应用如何？

5. 试述铣平面的方法与步骤。

6. 常见的轴上键槽有几种？各用什么机床和刀具加工？

7. 试述用成形铣刀铣齿轮的过程，成形法铣齿的精度为何不高？

项目 **6**　磨 工 实 训

项目导读

　　磨削加工是在磨床上,用高速旋转的砂轮对工件进行微刃切削的加工方法。磨削过程中,磨粒的棱角被磨钝后,受力可以自行脱落,并露出锋利的新粒(称自锐性)继续磨削。

　　磨削能加工硬度很高的工件(如淬火钢),并能使工件获得较高的公差等级(IT7~IT5)和较低的表面粗糙度值(Ra 为 0.8~0.2 μm),超精磨时的表面粗糙值度值 Ra 可达 0.008 μm。磨削时使工件产生大量的热,因此,必须供给充足的切削液。

　　磨削主要用于加工内外回转表面、平面、成形面及刃磨刀具等。常见的磨削加工类型如图 6-1 所示。

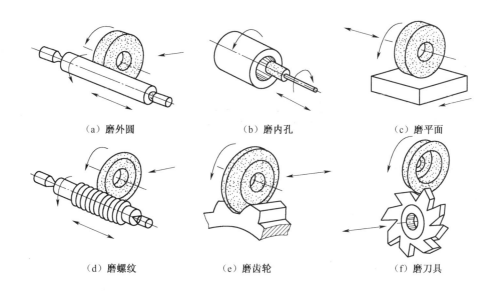

(a) 磨外圆　　　　　　(b) 磨内孔　　　　　　(c) 磨平面

(d) 磨螺纹　　　　　　(e) 磨齿轮　　　　　　(f) 磨刀具

图 6-1　磨削加工类型

学习目标

1. 熟悉磨床的结构、磨削的特点。

2. 掌握外圆磨削、平面磨削的基本方法。

3. 养成文明生产的良好工作习惯和严谨的工作作风。

任务 外圆表面和平面的磨削

【相关知识与技能】

一、基本知识

(一)砂轮

砂轮是磨削工件的刀具,它是由磨粒和结合剂,按一定比例混合,经压坯、干燥和烧结而成的多孔物体(见图6-2)。

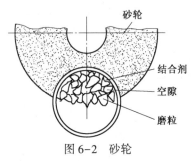

图6-2 砂轮

砂轮的特性包括磨料、粒度、结合剂、硬度、组织和形状尺寸等。砂轮的特性及其选择如表6-1所示。

表6-1 砂轮的特性及其选择

特性	种类		代号或号数	应用
1. 磨料	氧化铝类	棕刚玉	A	磨削钢、可锻铸铁类,磨削淬火钢、高速钢及零件精磨
		白刚玉	WA	
	碳化硅类	黑色碳化硅	C	磨削铸铁、黄铜、铝、耐火材料等
		绿色碳化硅	GC	磨削硬质合金、宝石、陶瓷类
	高硬类	人造金刚石	D	磨削硬质合金、宝石等高硬度材料
2. 粒度	磨粒:用筛选法分类,以每英寸有多少孔眼表示号数		12~20	粗磨、打磨毛刺
			22~40	修磨切断钢坯、磨耐火材料
			46~60	各种表面的一般磨削
			60~90	各种表面的半精磨、精磨、成形磨
	微粉:用显微测量法分类,用W后加数字表示,粉粒尺寸单位μm		100~120	精磨、超精磨、工具刃磨
			120及更细	超级光磨、镜面磨、制造研磨剂等
3. 结合剂	陶瓷		V	$V_{轮} \leqslant 35$ m/s
	树脂		B	$V_{轮} > 35$ m/s 及薄片砂轮
	橡胶		R	薄片砂轮及导轮

续表

特性	种类	代号或号数	应用
4. 硬度(磨粒在外力作用下脱落的难易程度)	超软	D、E、F	磨硬料或有色金属时选用软砂轮,磨较软料或成形磨时选用较硬的砂轮
	软	G、H、J	
	中软	K、L	
	中	M、N	
	中硬	P、Q、R	
	硬	S、T	
	超硬	Y	
5. 组织	紧密	0、1、2、3	成形磨或精磨
	中等	4、5、6、7	磨淬火钢、刀具或无心磨
	疏松	8、9、10、11、12、13、14	磨韧性大、硬度低的料
6. 形状与尺寸	平形砂轮	P	磨外圆、内孔、平面及用于无心磨等
	双面凹砂轮	PSA	磨外圆、无心磨及刃磨刀具
	双斜边砂轮	PSX	磨齿轮和螺纹
	筒形砂轮	N	立轴端面平磨
	杯形砂轮	B	磨平面、内孔及刃磨刀具
	碗形砂轮	BW	磨导轨及刃磨刀具
	碟形砂轮	D	刃磨铣刀、铰刀、拉刀及磨齿轮齿形
	薄片砂轮	PB	切断和开槽
	P、N 及 PB 形砂轮尺寸用:外径×厚度×孔径(mm)表示		

砂轮的特性可用代号与数字表示,并标注在砂轮上。例如:

P400×50×203A60L5V35,其含意是:

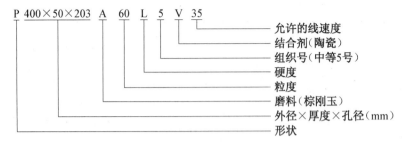

P 400×50×203 A 60 L 5 V 35

- 允许的线速度
- 结合剂(陶瓷)
- 组织号(中等5号)
- 硬度
- 粒度
- 磨料(棕刚玉)
- 外径×厚度×孔径(mm)
- 形状

(二)外圆磨床的构造及其工作

1. 万能外圆磨床的构造

万能外圆磨床的外形如图6-3所示,它主要由床身、砂轮架、工作台、头架、尾座、内圆磨具架等组成。

1)床身

床身用于安装各部件,上部有可移动的工作台和砂轮架,内部装有液压传动系统和机油。

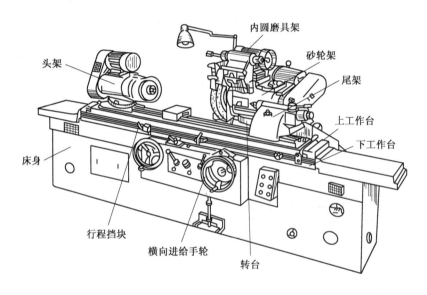

图6-3 万能外圆磨床外形图

2)砂轮架

砂轮架用来安装砂轮、内圆磨头及电动机。砂轮架可在床身后部的导轨上作横向进给,并可绕垂直轴线旋转±30°。

砂轮架可以自动周期进给或手动进给,也可以液压驱动快进、快退,以便于装卸和测量工件。

3)工作台

工作台由液压驱动或手动,可沿床身顶部的纵向导轨作往复直线运动。台面上装有头架和尾座,前侧面的T形槽装有两块可调整的行程挡块,以控制工作台的纵向行程和自动换向。工作台分上下两层,上层可在水平面内偏转,顺时针转3°,逆时针转7°,以便磨圆锥面。

4)头架

上面有电动机通过可变速的塔形带轮带动主轴旋转。主轴端可安装顶尖、拨盘和卡盘,用于装夹工件。头架可在水平面内偏转一定角度(+90°),用以磨削短锥面和端面。

5）尾座

尾座的套筒内可装顶尖,用以支承轴类零件的另一端。尾座还可沿工作台面纵向移动。装卸工件时,顶尖套筒的缩进和伸出,可用手扳动尾座上的手柄,也可用脚踏动操纵箱下端的踏板。

6）内圆磨具架

内圆磨具用来磨削内孔,使用时,将它翻转下来,并用螺栓紧固在砂轮架壳体上。磨外圆时,将它翻上,并用插销定位即可。

2. 万能外圆磨床的工作

万能外圆磨床可用来磨外圆、内孔、端面(见图6-4),也可以磨圆锥面(见图6-5)。

磨圆锥面时,可根据工件的长短和锥角的大小,调节工作台、头架或砂轮架的转角。磨内圆锥面时,可调节头架或工作台的转角。

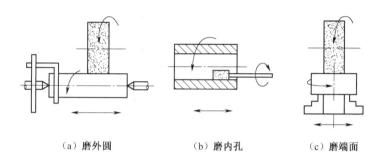

（a）磨外圆　　　　　（b）磨内孔　　　　　（c）磨端面

图6-4　磨圆柱面和端面

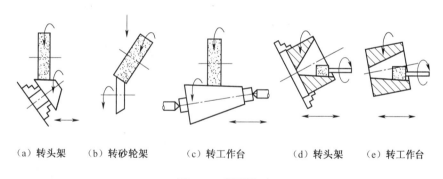

（a）转头架　　（b）转砂轮架　　（c）转工作台　　　（d）转头架　　（e）转工作台

图6-5　磨圆锥面

（三）平面磨床及其工作

平面磨床的砂轮轴有卧轴式(周磨)和立轴式(端磨)之分,其工作台有矩形和圆形之分。

卧轴矩形台平面磨床的外形如图6-6所示。它由床身、工作台、立柱、滑座和砂轮架等组成。平面磨床的工作台上装有电磁吸盘,用以吸牢工件和夹具。

磨削时,工作台带动工件作往复纵向进给运动,砂轮架带动砂轮在滑座的燕尾形导轨上作间歇横向进给运动。滑座可带动砂轮沿立柱导轨垂直移动,以调整磨削深度或完成垂直进给运动。

二、基本操作

（一）磨削外圆表面

磨削外圆表面的步骤和操作要点如表6-2所示。

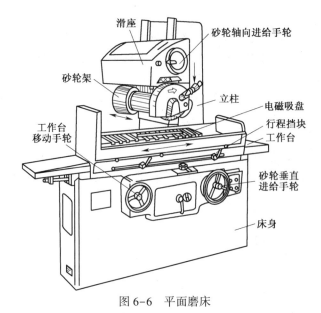

图 6-6　平面磨床

表 6-2　磨削外圆表面的步骤

序号	工步名称	简图或表	选择与操作要点
1	选择砂轮并安装与修整砂轮	(a) (b)	选择砂轮： 依据工件材料和技术要求选择砂轮。 操作要点： 1. 检查砂轮有无裂纹； 2. 直径大于 125 mm 的新砂轮安装前必须用平衡架进行平衡检查，先调整两条平衡轨道至水平位置，之后调整砂轮平衡块位置，使砂轮中心与回转中心重合[见图(a)]； 3. 磨粒钝化、外形失真、表面堵塞的砂轮，用砂轮修整器修整[见图(b)]
2	选择夹具，安装工件	(a) (b) (c)	选择夹具： 1. 装夹实心轴类工件时，选用双顶尖、鸡心（或对头）夹头、拨盘[见图(a)]； 2. 装夹空心盘套类件时，加芯轴[见图(b)]； 3. 装夹实心盘类件时用三爪卡盘[见图(c)]。 安装工件： 1. 采用双顶尖装夹工件时，先调整好尾座位置和夹紧力，装夹细长轴时，夹紧力应小些，安装工件前，应先擦净中心孔，抹入润滑脂； 2. 采用卡盘夹件时，要严格校正工件

序号	工步名称	简图或表			选择与操作要点
3	选择磨削用量,调整机床	<table><tr><td>粗精磨 数值 用量</td><td>粗磨</td><td>精磨</td></tr><tr><td>纵向进给量 $f_纵/(mm/r)$</td><td>(0.4~0.8)B</td><td>0.2~0.8)B</td></tr><tr><td>横向进给量 $f_横/(mm/dstr)$</td><td>(0.01~0.06)</td><td>0.0025~0.01)</td></tr><tr><td>工作圆周 速度$v_w/(m/s)$</td><td>≤35</td><td></td></tr></table> 注:B——砂轮宽度(mm) $$n_w=60\frac{1\,000V_e}{\pi D}$$ n_w——工件转数(r/min) D——工件直径(mm)			选择磨削用量原则: 1. 磨细长件、取大$f_横$,精磨时,$f_纵$取小些,反之取大些 2. 磨细长件、硬件、韧性料及精磨时,$f_横$取小些,反之取大些 3. 磨细长件、大直径件、硬件、重件、端磨、韧性料、用大$f_横$,精磨时,v_w取小些,反之取大些 一般不能选择大的工件转速 操作要点: 1. 调整$f_纵$:旋转节油阀旋钮; 2. 调整$f_横$:调整前,先将砂轮退离工件表面50 mm以上,之后快进,再摇横进给手轮。进给分粗细两种:粗进给(推进拉杆)手轮刻度为0.01 mm/格,细进给(拉出拉杆)手轮刻度为0.0025 mm/格; 3. 调v_w:先将v_w换算成n_w之后查头架铭牌,调整头架V带位置
4	磨削				磨削步骤: 1. 启动油泵电动机; 2. 启动砂轮电动机; 3. 旋转快速进退阀,将砂轮快速移进工件,自动给冷却液; 4. 摇横进给手轮,使砂轮微触工件; 5. 旋转开停节流阀,使工作台移动; 6. 粗磨: $f_横=0.01~0.06$ mm/dstr 留精磨量0.04~0.06 mm 7. 精磨: $f_横=0.002\,5~0.01$ mm/dstr,磨至余量为0.005~0.01时,不在横进给,纵向移动工件数次,至无火花为止
5	检验				用千分尺测量工件两端和中部

(二)磨削平面

在卧轴矩台平面磨床磨削平面的步骤和操作要点如表6-3所示。

表6-3　磨削平面的步骤和操作要点

序号	工步名称	简图或表	选择与操作要点
1	选择与安装砂轮	略	同磨外圆

序号	工步名称	简图或表	选择与操作要点
2	选择夹具安装工件	(a) (b)	选择夹具： 1. 安装磁性工件用电磁吸盘[见图(a)]； 2. 安装非磁性工件，用精密平口钳[见图(b)]等夹具安装后，然后在吸在电磁吸盘上。 操作要点： 1. 擦净工件、夹具、吸盘表面； 2. 按下吸件按钮。
3	选择磨削用量调整机床	<table><tr><td colspan="3">用量　数值 \ 粗精磨</td></tr><tr><td></td><td>粗磨</td><td>精磨</td></tr><tr><td>磨削速度 V_c/(m/s)</td><td>20~30</td><td>25~35</td></tr><tr><td>工件移动速度 v_w/(m/s)</td><td colspan="2">0.2~0.016</td></tr><tr><td>垂直进给量 $f_垂$/(mm)</td><td>0.015~0.03</td><td>0.005~0.01</td></tr><tr><td>横向进给量 $f_横$/(mm/datr)</td><td colspan="2">(0.75~0.25)B B—齿轮宽度</td></tr></table>	磨钢件取上限； 磨铸铁件取下限； 调整 v_w：旋转节流阀； 调整行程：调整挡块位置与距离； 粗进给：摇动手轮（每格0.005 mm）； 细进给：压微动进给杠杆； 手动或自动进给； 手动每格0.01 mm
4	磨削	$f_横$ v_c v_w	磨削步骤： 1. 启动油泵电动机； 2. 吸牢工件，装小工件时，在工件两端加挡铁； 3. 工件台纵向移动； 4. 启动砂轮电动机； 5. 给充足的冷却液； 6. 下降砂轮，微触工件； 7. 调 $f_横$，自动横向进给，粗磨； 8. 停车、测量，调 $f_横$； 9. 精磨、停车、测量； 10. 工件退磁
5	检验		用千分尺或游标卡尺测量

三、操作示例

(一)磨传动轴

磨削传动轴(见图6-7)的步骤如表6-4所示。

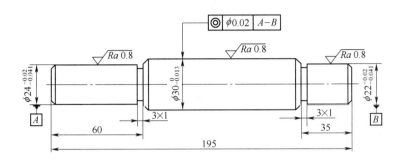

倒角C1
材料：45号钢

$\sqrt{Ra\,6.3}\,(\sqrt{\ })$

图 6-7　传动轴

表 6-4　磨削传动轴

序号	加工内容	加工简图	操作要点
1	粗磨一端外圆至 $\phi 24^{+0.1}_{0}$ mm、$\phi 30^{+0.1}_{0}$ mm		1. 工件外径在磨前应留 0.2～0.4 mm余量； 2. 调好顶尖位置和夹紧力； 3. 擦净中心孔和顶尖，并抹油； 4. 粗磨时取 $v_w = 0.3$ m/s；
2	精磨该段外圆至 $\phi 24^{-0.02}_{-0.041}$、$\phi 30^{0}_{-0.041}$ mm		$f_横 = 0.01～0.02$ mm/dstr $f_纵 = 0.4B$ mm/r
3	掉头粗磨另一端外圆至 $\phi 22^{+0.1}_{0}$ mm		5. 精磨时取 $v_w = 0.08$ m/s； $f_横 = 0.0025～0.005$ mm/dstr $f_纵 = 0.2B$ mm/r
4	精磨该端外圆至 $\phi 22^{-0.02}_{-0.041}$ mm		当余量为 0.0025～0.01 mm 时，空行程几次，至无火花为止； 6. $\phi 24$ mm×60 mm 处手动磨削； $\phi 22$ mm×35 mm 处手动磨削； $\phi 30$ mm 处纵向自动磨削
5	检验		用千分尺或游标卡尺测量

（二）磨V形块

磨削 V 形块（见图 6-8）的步骤如表 6-5 所示。

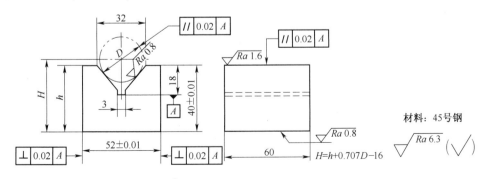

材料：45号钢

$\sqrt{Ra\,6.3}\,(\sqrt{\ })$

$H=h+0.707D-16$

图 6-8　V 形块

表 6-5　磨削 V 形块的步骤

序号	加工内容	加工简图	操作要点
1	粗磨底平面至尺寸 $44^{+0.1}_{0}$ mm		1. 擦净工件和吸盘; 2. 将工件夹在精密平口钳上, 然后吸在工作台上(或直接吸在工作台上); 3. 磨前先给冷却液
2	精磨底平面至尺寸 (44 ± 0.01) mm		
3	粗、精磨两个侧面,保证尺寸 (52 ± 0.01) mm 和对 A 面的垂直度		将精密平口钳翻转 90° 磨一侧面,然后重新装夹,或直接吸在工作台上,磨另一侧面
4	粗、精磨 V 形槽,保证尺寸 $(H\pm0.01)$ mm 和圆棒轴线对 A 的平行度		1. 借助导磁 V 形块对 V 形槽纵向找正后,吸在吸盘上,磨削时的垂直与横向进给,采用手动; 2. 加圆棒测量尺寸 H; 3. 初检合格后,退磁卸下工件
5	检验		

四、典型零件磨削

下列各图所示零件,均采用小批生产方式加工,试拟定磨削步骤,并加工出合格零件。

(一)销轴

磨削销轴,为节省材料,可多人磨削一件,每次将直径磨去 0.2 mm,公差不变,如图 6-9 所示。

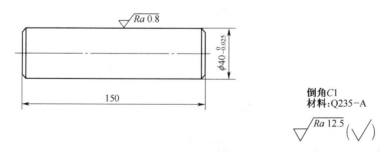

图 6-9　销轴

(二)钉锤头

钉锤头磨削加工之前的工件,可用学生在钳工实训时加工的钉锤头(见图6-10),磨削粗糙度值 Ra 为 $0.8~\mu m$ 的表面。磨削时,工件前后加挡铁。

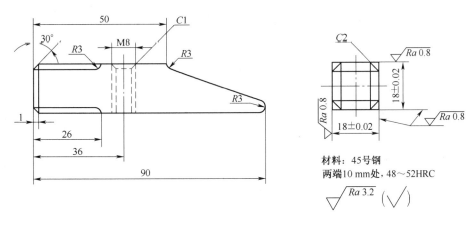

材料：45号钢
两端10 mm处，48～52HRC

图6-10　钉锤头

【思考与练习】

1. 简述磨削加工的实质、特点与应用。
2. 外圆磨床与平面磨床的构造、运动及调整方法有何不同？
3. 磨削加工能获得较高精度的原因是什么？
4. 磨削细长轴类零件时,应注意些什么？
5. 磨削加工平面时,应注意些什么？

附录

附表1　常用切削加工方法

序号	加工方法	公差等级 IT	表面粗糙度 Ra/μm	应　用
1	钻、锯削、粗车、镗、刨、铣	12~11	50~12.5	粗加工非配合面,如轴端面、倒角、钻孔等
2	扩孔、锪孔	10~9	6.3~3.2	半精加工孔中的非配合表面
3	铰孔	8~6	1.6~0.4	常用于精加工较小的定位孔或配合孔
4	拉	8~6	1.6~0.4	大量生产时,精加工圆孔
5	车、铣、刨、镗	10~8	6.3~1.6	广泛用于半精加工非配合表面或固定配合表面及支承面,如轴、套件端面、主轴外露面、工作台面等
6	磨削	7~6	0.8~0.2	精加工有定心及配合特性的表面(淬火或未淬火),如轴颈、导轨面及夹具定位面等
7	高速精铣、精刨	7~6	0.8~0.2	适于精加工有色金属件的摩擦表面
8	精细车精细镗	7~6	0.8~0.2	适于精加工有色金属件的摩擦表面
9	超精加工	6~5(轴)	0.1~0.008	超级光磨或研磨精密仪器及附件的摩擦面;量具的工作面,如活塞销孔、液压或气压缸孔

附表2　常用的部分法定计量单位

量的名称	单位名称	单位符号
长度	米	m
面积	平方米	m^2
体积	立方米	m^3
时间	秒	s
速度	米每秒	m/s
加速度	米每二次方秒	m/s^2
密度	克每立方厘米	g/cm^3
力	牛	N
应力、压力(压强)	帕	Pa
能、功、热量	焦	J
功率	瓦	W
力矩	牛·米	N·m

附表 3 普通螺纹直径与螺距系列(部分)

| 公称直径 D、d | | | 螺距 P | | | | | | | | | | | | |
| 第一系列 | 第二系列 | 第三系列 | 粗牙 | 细牙 | | | | | | | | | | | |
				6	4	3	2	1.5	1.25	1	0.75	0.5	0.35	0.25	0.2
1			0.25												0.2
	1.1		0.25												0.2
1.2			0.25												0.2
	1.4		0.3												0.2
1.6			0.35												0.2
	1.8		0.35												0.2
2			0.4											0.25	
	2.2		0.45											0.25	
2.5			0.45										0.35		
3			0.5										0.35		
	3.5		(0.6)										0.35		
4			0.7									0.5			
	4.5		(0.75)									0.5			
5			0.8									0.5			
		5.5										0.5			
6			1								0.75	0.5			
	7		1								0.75	0.5			
8			1.25							1	0.75	0.5			
		(9)	(1.25)							1	0.75	0.5			
10			1.5						1.25	1	0.75	0.5			
	11									1	0.75	0.5			
12			1.75					1.5	1.25	1	0.75	0.5			
	14		2					1.5	1.25	1	0.75	0.5			
		15						1.5		(1)					
16			2					1.5		1	0.75	0.5			
		17						1.5		(1)					
	18		2.5				2	1.5		1	0.75	0.5			
20			2.5				2	1.5		1	0.75	0.5			
	22		2.5				2	1.5		1	0.75	0.5			
24			3				2	1.5		1	0.75				
		25					2	1.5		(1)					

公称直径 D、d			螺距 P												
第一系列	第二系列	第三系列	粗牙	细牙											
				6	4	3	2	1.5	1.25	1	0.75	0.5	0.35	0.25	0.2
		26						1.5							
	27		3				2	1.5		1	0.75				
		28					2	1.5		1					
30			3.5			(3)	2	1.5		1	0.75				
		32					2	1.5		1					
	33		3.5			(3)	2	1.5			0.75				
		35						1.5		1					
36			4			3	2	1.5			0.75				
		38						1.5		1					
	39		4			3	2	1.5							
		40				(3)	(2)	1.5		1					
42			4.5		(4)	3	2	1.5		1					
	45		4.5		(4)	3	2	1.5		1					
48			5		(4)	3	2	1.5		1					
		50				(3)	(2)	1.5							
	52		5		(4)	3	2	1.5		1					
		55			(4)	(3)	2	1.5							
56			5.5		4	3	2	1.5		1					
		58			(4)	(3)	2	1.5							
	60		(5.5)		4	3	2	1.5		1					
		62			(4)	(3)	2	1.5							
64			6		4	3	2	1.5							
		65			(4)	(3)	2	1.5							
	68		6		4	3		1.5							
		70		(6)	(4)	(3)	2	1.5							
72			6		4	3	2	1.5							
		75			(4)	(3)									
	76		6		4	3	2	1.5							
		78					2								
80			6		4	3	2	1.5							
		82													

公称直径 D、d			螺距 P											
第一系列	第二系列	第三系列	粗牙	细牙										
				6	4	3	2	1.5	1.25	1	0.75	0.5	0.35	0.25	0.2
	85			6	4	3	2								
90				6	4	3	2	1.5							
	95			6	4	3	2	1.5							
100				6	4	3	2	1.5							
	105			6	4	3	2	1.5							
110				6	4	3	2	1.5							
	115			6	4	3	2	1.5							
	120			6	4	3	2	1.5							
125				6	4	3	2	1.5							
	130			6	4	3	2	1.5							

参 考 文 献

[1]李永增 . 金工实习[M]. 北京:高等教育出版社,2006.

[2]劳动和社会保障部教材办公室 . 车工工艺与技能训练[M]. 北京:中国劳动社会保障出版社,2001.

[3]劳动和社会保障部教材办公室 . 国家职业资格培训教程:车工[M]. 北京:中国劳动社会保障出版社,2003.

[4]郭炯凡 . 金属工艺学实习教材[M]. 北京:高等教育出版社,1989.